AF613914

Couverture supérieure manquante

ORIGINAL EN COULEUR
NF Z 43-120-8

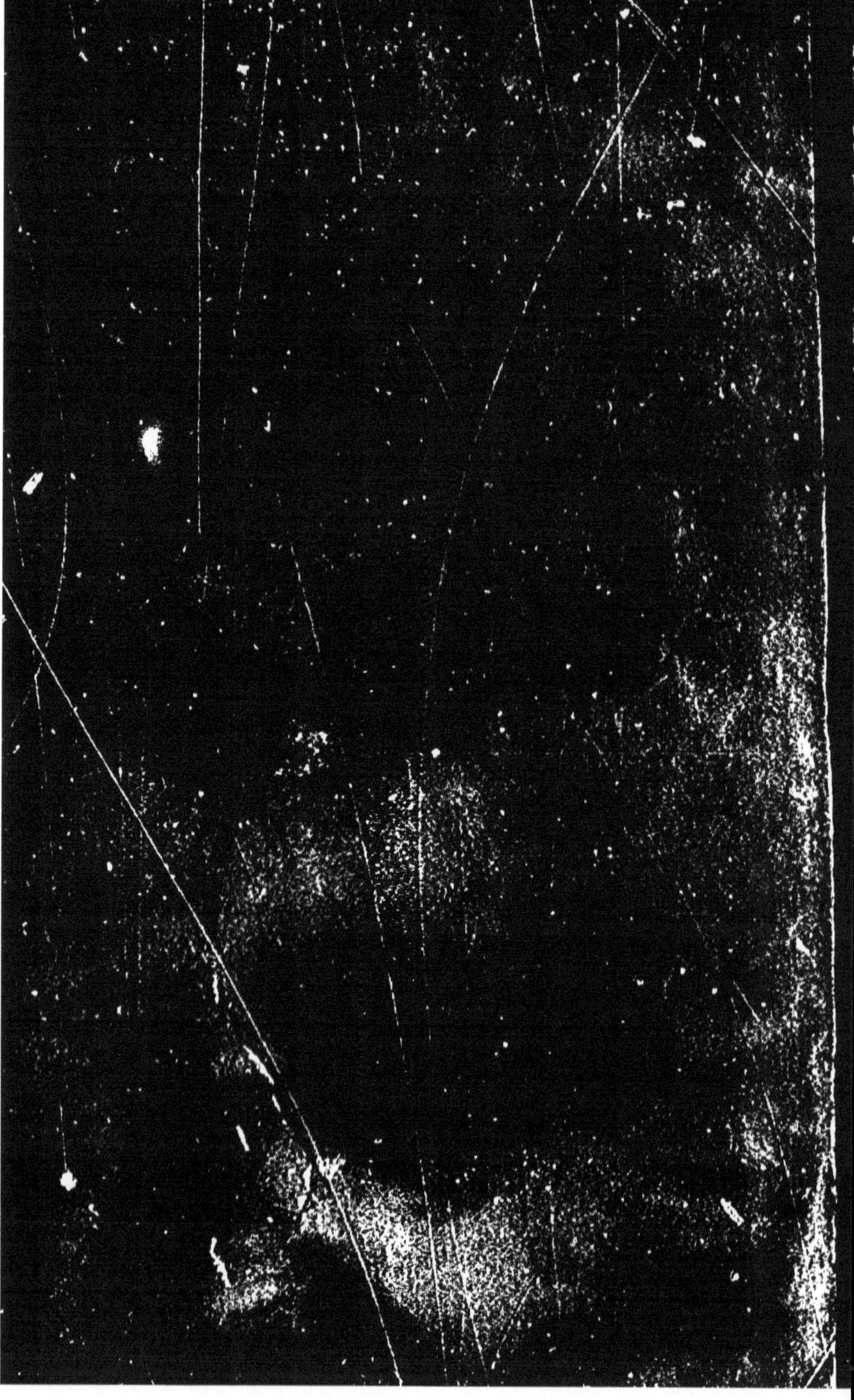

1271

LES

EXPLORATIONS DE BRAZZA

8
12
8

M. P. SAVORGNAN DE BRAZZA

(Photographie communiquée par la Société de géographie.)

BIBLIOTHÈQUE VARIÉE

E. GÉNIN
PROFESSEUR AGRÉGÉ AU LYCÉE DE NANCY
DÉLÉGUÉ DÉPARTEMENTAL DE LA SOCIÉTÉ ACADÉMIQUE
INDO-CHINOISE,
MEMBRE CORRESPONDANT DE LA SOCIÉTÉ DE GÉOGRAPHIE COMMERCIALE
ET DE LA SOCIÉTÉ DES ÉTUDES COLONIALES ET MARITIMES

LES EXPLORATIONS DE BRAZZA

PARIS
LIBRAIRIE GÉNÉRALE DE VULGARISATION
9, RUE DE VERNEUIL, 9

DÉPÔT LÉGAL
Vienne
N° 34
188

EXPLORATIONS DE BRAZZA

LE GABON

Les voyages de Du Chaillu. 1856-1865

Lorsqu'en 1841 le gouvernement français donna l'ordre au lieutenant de vaisseau, plus tard amiral Bouet-Willaumez, d'entamer des négociations avec divers chefs indigènes pour obtenir la cession de l'estuaire du Gabon, il ne poursuivait d'autre but que de fournir un abri sûr à ceux de nos navires qui surveillaient la traite des nègres dans ces parages, où elle se faisait en grand. Les négociations traînèrent en longueur et n'aboutirent qu'en 1843. Le roi Denis, gagné par les témoignages de bienveillance que notre gouvernement lui prodiguait, nous céda le territoire qu'il gouvernait sur la rive gauche du fleuve. Quelques années plus tard, un des chefs de la rive droite, le roi Louis, se plaça sous la protection de la France, et arbora notre pavillon. On fonda, en 1849, le village de Libreville, que l'on peupla d'esclaves affranchis, enlevés à un odieux négrier. Un traité, conclu en 1862 avec le roi et les chefs du cap Lopez, étendit considérablement notre territoire et notre influence.

Néanmoins, rien ne faisait prévoir le brillant avenir réservé à notre nouvelle colonie. Nos possessions étaient mal délimitées; les Pahouins ou M'fans étaient des voisins fort incommodes; le commerce, qui était peu important, se faisait par des bâtiments étrangers. C'était à peine si quelque navire de la division venait animer ce magnifique estuaire (18 kilomètres de long sur 6 de large), qui reçoit deux rivières importantes : la Como et la Rhamboë, et pénètre à 50 kilomètres dans les terres où il forme un bras de mer assez semblable à l'embouchure de la Gironde.

Le climat était et restera un obstacle à la colonisation, peut-être même à la fondation d'établissements de commerce importants et durables. Le Gabon est situé précisément sous l'équateur; le thermomètre ne s'élève pas en moyenne au-dessus de 30 ou 32 degrés, mais la grande saison sèche n'est que de trois mois et la petite de six semaines; les pluies, au contraire, durent à Libreville du 15 septembre aux premiers jours de janvier, puis cessent quinze jours pour se continuer pendant quatre mois d'un vrai déluge accompagné d'orages aussi fréquents que grandioses. Cette chaleur humide énerve les Européens qui, incommodés par des nuées de moustiques et de fourmis, s'étiolent bientôt en proie au découragement, à la fièvre paludéenne et à l'anémie. Il en est du Gabon comme du Sénégal : le blanc y meurt, le noir y végète. MM. Ballay et de

Lastour prétendent, il est vrai, que sous ce climat excessif la maladie est presque toujours causée par des excès ou par quelque imprudence. Ce qui est certain, c'est que l'Européen le mieux constitué ne peut, sans danger, séjourner au Gabon plus de trois ans.

De l'embouchure du Gabon à celle de l'Ogowé, la côte est droite, peu hospitalière, et, en général, bordée de dunes. Avant la fondation du poste de Libreville, les navires européens y abordaient rarement, car les indigènes passaient pour manquer de bonne foi dans les transactions et pour se livrer à la piraterie. A plusieurs reprises ils avaient pillé nos vaisseaux que la malveillance avait fait échouer dans ces parages.

Ce ne fut qu'après la prise de possession du pays et quand nous fûmes rassurés sur les dispositions des indigènes que nos bâtiments firent relâche à l'embouchure du Gabon, où ils échangeaient des étoffes, de la poudre et du rhum contre des dents d'éléphants et d'hippopotames, des peaux de singes, des plumes de perroquets et des nattes finement tressées. Avec le temps, les transactions se multiplièrent et les relations devinrent de plus en plus cordiales. Dès que nous abordions, la population des villages qui bordent le fleuve accourait, chefs en tête, et poussait des cris de joie. Les rois et leurs fils arrivaient en costume de hussards ou de chasseurs d'Afrique, puis s'esquivaient aussitôt qu'ils avaient salué l'état-major du navire pour reparaître dans le plus simple appareil ou vêtus d'une robe de chambre d'indienne et coiffés d'une casquette de loutre (1). Les grands dignitaires de la côte, aussi soucieux de leurs intérêts que le dernier de leurs sujets, s'étaient transformés en simples marchands. Chez ces pauvres gens, la royauté n'est pas un métier assez lucratif pour faire vivre une famille.

Mais si les relations avec les tribus établies à l'embouchure du Gabon se multipliaient, l'intérieur du continent n'avait pas été exploré, et l'action des blancs ne s'étendait qu'à quelques milles de la côte, lorsqu'en 1856 un Français, naturalisé Américain, M. Du Chaillu, avide d'aventures, résolut d'aller chasser le gorille au milieu de ces tribus dont plusieurs passaient pour cannibales. Il débuta par deux excursions : l'une chez les M'Pongués, et l'autre au cap Lopez. Dans ce dernier voyage, il séjourna quelque temps à Sangatanga, bourgade importante, chez un certain Bango, alors roi du pays. Le palais de ce prince consistait en une maison à deux étages dont il était très fier. Cet affreux bâtiment comprenait, au rez-de-chaussée, une salle obscure flanquée de chaque côté de petites cellules. On grimpait au premier, dans la salle du trône, par un escalier aussi raide que malpropre. A peine le voyageur avait-il pénétré dans cette pièce basse, qui était à la fois le harem et la salle d'audience, que le rhum circula à pleins verres et que les danses commencèrent. Chaque pose, chaque geste excentrique, observé par des critiques minutieux, était accueilli par des murmures d'approbation. La séance se termina par une danse exécutée par les filles du

(1) M. Jouan, *Journal de bord inédit.*

roi, qui exprima au voyageur le désir de les lui voir prendre pour femmes. Celui-ci déclina cet honneur inattendu et s'esquiva. En rentrant chez lui assez tard, il est vrai, il dut se débarrasser à coups de fusil d'un camarade de lit fort incommode, qui n'était autre qu'un serpent de dix pieds de long.

Après avoir visité les baracons ou parcs aux esclaves, Du Chaillu continua sa route à travers de vastes prairies et des vallons entrecoupés de précipices, et atteignit Njola où il fut frappé de la dissolution des mœurs et de la cruauté des supplices. Il explora ensuite l'île Corisco, qui est bien boisée et très commerçante, le fleuve Muni, qui arrose une contrée marécageuse, et pénétra chez les Mbondémos, tribu batailleuse où les maris achètent leurs femmes. Dans cette tribu toute attaque violente ou toute blessure faite à l'honneur se répare par une compensation qui consiste en millet, en poules ou en cabris. Il arrive souvent qu'un nègre peu scrupuleux recherche et trouve l'occasion de se faire battre ou insulter par un voisin aisé. Il se hâte de porter plainte au chef du village et obtient une indemnité qui suffit à le faire vivre quelque temps dans l'oisiveté et l'abondance.

En quittant le pays des Mbondémos, le courageux explorateur entra dans celui des Fans cannibales. Ces sauvages, qui s'enfuient ou s'arrêtent comme pétrifiés à la vue d'un Européen, n'en sont pas moins très redoutables. Leurs femmes, qui ont d'ailleurs l'aspect d'affreuses mégères, font cuire une cuisse détachée d'un corps humain aussi tranquillement que nos ménagères mettraient un gigot à la broche. Les villages de cette tribu sont protégés par des palissades derrière lesquelles veillent, toute la nuit, des hommes armés de boucliers de peau d'éléphant, de javelines et de flèches empoisonnées.

Désirant regagner le Gabon, Du Chaillu descendit le cours de la rivière Noya, affluent du Muni, et traversa le pays des Mbichos, les noirs les plus malpropres de l'intérieur. Leurs femmes surtout, qui s'oignent d'huile et se couvrent le corps d'une couche d'ocre rouge, exhalent une odeur insupportable.

Rentré à Libreville, Du Chaillu, après quelques semaines de repos, en partit, en février 1857, pour le pays des Camas jusqu'alors inexploré. Il débarqua à l'embouchure du Fernand Vaz et fut bien accueilli par les deux rois du pays, Rampalo et Sangala, qui se disputèrent l'honneur de le recevoir. Toute cette contrée qui s'étend au sud du cap Lopez, où nous venons de fonder un établissement considérable, est par excellence la région du gorille et des hippopotames. Ces animaux s'ébattent au bord du fleuve, dans d'épaisses forêts où gazouillent des milliers d'oiseaux aux couleurs variées. Les indigènes, qui sont d'adroits chasseurs, réussirent à s'emparer d'un petit gorille de deux ou trois ans, qui avait deux pieds six pouces, et qu'ils amenèrent vivant à l'explorateur, après avoir abattu l'arbre sur lequel il s'était réfugié. La chasse à l'hippopotame est aussi difficile et plus dangereuse encore que celle du gorille. Les nègres n'attaquent ces lourds amphibies que par derrière et, dès qu'ils leur ont lancé un trait, ils prennent la fuite, car aussitôt qu'il est blessé l'animal en fureur se retourne contre l'assaillant. Quand on tue un de ces quadrupèdes, la joie est grande au village, car les Camas aiment beaucoup cette viande qui a le goût de celle du bœuf, bien que la fibre en soit plus épaisse.

Dans la seconde moitié de l'année 1857, Du Chaillu reconnut le lac Anengué qui forme, à la saison des pluies, une magnifique nappe d'eau, tandis qu'à la saison sèche il n'est plus qu'un marais pestilentiel, d'où émergent des îles de boue noire sur lesquelles se vautrent d'innombrables crocodiles dont quelques-uns n'ont pas moins de vingt pieds de long.

S'avançant au delà du lac Anengué et côtoyant la rive gauche de l'Ogowé, le voyageur pénétra chez les Ivilis dont le territoire s'étend jusqu'au lac Zonangué. Une autre peuplade du même nom habite la rive droite du Ngounié, jolie rivière bordée d'arbres magnifiques, qui vient se jeter dans l'Ogowé à la pointe Fétiche. Les mœurs des Ivilis de l'Ogowé ont été décrites par Marche. Le caractère dominant des gens de cette tribu est la défiance ; la plupart de leurs villages sont bâtis sur des hauteurs ; dès qu'un Européen y pénètre, les habitants s'enferment dans leurs cases ; toutefois les plus hardis, reprenant peu à peu courage, vont au devant du voyageur, mais en armes. Ce n'est que quand ils ont constaté qu'il n'y a rien à craindre qu'ils appellent leurs femmes, qui viennent vendre aux blancs des vivres en échange de cotonnades européennes que ces dames apprécient fort. Toutefois, si le nouveau venu fait mine de se retourner, une bousculade générale se produit et tout le monde prend la fuite. Mais aussitôt que la distribution des cadeaux commence, chacun se rassure, et bientôt les voyageurs ont tout le village sur leurs talons.

Les Ivéia, voisins des Ivilis, ont pour principal village Bouali, près des chutes de Samba, sur le Ngounié. Leurs cases sont propres, bien entretenues et alignées le long de la rue principale. Si les Ivéia sont moins craintifs que les Ivilis, ils ne sont pas moins avides. Quand, escaladant les rochers et franchissant les fondrières, MM. Marche et de Compiègne pénétrèrent chez cette peuplade que Du Chaillu avait déjà visitée et demandèrent à parler au roi qui présidait alors un palabre (1), un grand gaillard se leva déclarant qu'il régnait sur cette foule peu disciplinée. Il reçut quelques cadeaux et disparut. Un second se dirigea aussitôt vers les nouveaux arrivants et prit l'assistance à témoin qu'il était le vrai et l'unique chef de la contrée. On lui remit une pièce d'étoffe. Au moment où un troisième s'avançait et commençait la même histoire, au milieu d'un vacarme étourdissant produit par les cris discordants des indigènes offrant aux voyageurs qui des poules, qui des bananes, un tintement argentin se fit entendre, et un vieillard à barbe blanche, coiffé d'un bonnet crasseux jadis rouge, et tenant à la main une sonnette emmanchée d'un bâton, se dirigea vers les blancs, pendant que la foule se rangeait sur son passage. C'était le vrai

(1) Le nègre, qui est fou de tapage, aime ces réunions où, sous la présidence des chefs, on discute la paix ou la guerre, les alliances à conclure, les causes des épidémies et les moyens de s'en préserver. Souvent aussi un vol, une rixe sont des prétextes suffisants pour un palabre.

roi. Il fallut lui donner de l'alougou, du tabac et une pièce d'étoffe dont il paraissait avoir grand besoin, tant sa mise était peu d'accord avec la suprême dignité dont il était revêtu (1).

Du Chaillu, après avoir visité ces peuplades qui se montrèrent moins exigeantes pour lui que pour d'autres voyageurs, remonta le Rhembo, qui n'est autre que le Fernand Vaz devenu plus étroit, et atteignit Goumbi où le roi Quenguéza lui fit le plus cordial accueil. Il traversa ensuite le pays des Bakalais et s'arrêta quelque temps au milieu de ces populations perfides, mais commerçantes. Bientôt il fut pris de la fièvre et contraint de rentrer au Gabon. Il en repartit le 10 octobre 1858 pour le pays des Aschiras. Cette contrée est une des plus belles et des plus riches du bassin de l'Ogowé. Entourée de hautes montagnes couvertes de forêts verdoyantes, elle est arrosée par une multitude de ruisseaux limpides qui, dans leurs chutes, forment de nombreuses cascades. Les villages sont semés de distance en distance à travers la plaine. Quant à la population, qui paraît aisée, elle cultive les bananes et la canne à sucre et élève des chèvres et des poules. Ici, comme chez la plupart des tribus de l'intérieur, ce sont les femmes qui s'adonnent à l'agriculture, pendant que les hommes chassent et pagayent. Les Aschiras sont assez bien faits et d'une couleur noire très prononcée. Leur intelligence dépasse la moyenne de celle du nègre. Les femmes, mieux conformées encore que les hommes, se distinguent de celles des

(1) M. Marche.

tribus voisines par leurs belles proportions, par leur désinvolture et surtout par leur grâce et la douceur de leurs manières.

Du Chaillu ne quitta qu'à regret cette tribu hospitalière. Continuant sa route, il pénétra chez les Apingis qui habitent une contrée montagneuse située à l'est du pays des Aschiras. Etablis autrefois sur l'Ogowé, dans le voisinage des Okota, ils ont été chassés des rives du fleuve par les Fans Ossyéba et se sont réfugiés dans le bassin supérieur du Ngounié. Quelques-uns seulement des villages construits par cette peuplade industrieuse et de mœurs douces ont été épargnés par les farouches envahisseurs. Ils sont cachés dans des nids de verdure au pied du mont Otombi, près des rapides que forme l'Ogowé en sortant du territoire que gouverne Edibé, roi des Okota. Quant aux Apingis des bords du Ngounié, l'habitude qu'ils ont prise de se limer les dents en pointe leur donne une physionomie féroce. Ils sont complètement vêtus, tandis que leurs femmes vont presque nues. Le voyageur ayant donné à celles-ci quelques pièces d'indienne, elles lui firent l'honneur de les essayer en sa présence. Ces pauvres sauvages, voyant que Du Chaillu leur distribuait généreusement des perles, des chaudrons de cuivre, de la cotonnade et des fusils, crurent qu'il en fabriquait à volonté et l'investirent solennellement du *kendo*, grossière clochette de fer recourbée terminée par un long manche également en fer, et qui est dans cette tribu, comme chez plusieurs autres, l'insigne de la souveraineté. *Vous êtes notre roi!* lui criait-on de toutes parts, *restez toujours avec nous ; nous vous aimons, nous ferons ce que vous voudrez.*

Le voyageur ne se laissa point séduire par l'offre décevante d'un trône même faite d'une façon trop naïve pour ne pas être sincère. Devenu tout à coup assez souffrant, il fut pris, au contraire, du désir de revoir l'Amérique, sa nouvelle patrie. Quand il publia, peu de temps après, le récit de ses explorations, les savants en contestèrent les moindres détails, et bientôt ce fut le voyage même dans l'intérieur que l'on essaya de faire passer pour une fable. Piqué au vif, Du Chaillu revint au Gabon en 1863, muni cette fois d'instruments et d'appareils qui lui permettaient de donner à ses appréciations un caractère absolument scientifique; mais, dans l'intervalle, ses observations avaient été en grande partie confirmées par d'autres explorateurs.

De retour au Gabon, Du Chaillu gagna le Fernand Vaz, remonta le Rhembo et le quitta bientôt pour prendre la voie de terre et aller visiter les chefs dont il avait gagné la confiance pendant son premier voyage. Suivi d'un matériel considérable, porté par un grand nombre d'hommes, il arriva de nouveau chez les Aschiras, où une partie de son escorte mourut de la petite vérole. Ce ne fut qu'après de longs mois qu'il réussit à se procurer d'autres porteurs. Après une excursion aux chutes d'Agochi et de Samba, il revint à Olenda d'où il prit résolument la direction de l'est. Mais les vivres étaient rares et les dispositions de plus d'une de ces mobiles peuplades avaient changé ; aussi ce ne fut qu'au prix de fatigues et de privations de toutes sortes qu'il traversa le pays des Apingis, des Apono et des Ichougo. De là il réussit à gagner la contrée montagneuse qu'habitent les Aschangos, tribu défiante et guerrière dont il reçut d'abord un bon accueil. Sur sa route, il avait traversé quelques villages habités par les nains Obongos. Cette peuplade, dont on a longtemps nié l'existence, occupe un territoire situé à l'est de celui des Apingis. Les Obongos sont extrêmement timides et prennent la fuite à la vue des Européens. Leurs demeures sont très basses et de forme ovale; elles n'ont, en moyenne, que quatre pieds de haut et autant de large. Le voyageur put mesurer deux vieilles femmes dont la taille ne dépassait pas quatre pieds. Quant aux hommes, ils sont de couleur jaune sale; ils ont le front extrêmement bas, les pommettes des joues très saillantes et la chevelure implantée par touffes. Comme les Boschimans du sud de l'Afrique, ils sont fort adroits chasseurs; on les a également comparés aux Akkas qui habitent l'intérieur du continent. Ils ressemblent à ces derniers par la taille et par le prognathisme qui est commun aux deux peuples; mais leur peau est d'un roux de cuivre, leurs cheveux ne sont pas insérés par touffes et ils ont le ventre ballonné. Du Chaillu poursuivant sa route au milieu de la tribu des Aschangos jusque-là bienveillante atteignit, en juillet 1865, Mouaou-Kombo, le principal village du pays; mais à peine y avait-il pris quelques jours de repos, qu'un regrettable incident le força à revenir sur ses pas: l'un des hommes de sa suite ayant tué par hasard un indigène, aussitôt que cette nouvelle se fut répandue, le village fut en révolution; le tam-

tam et le cri de guerre retentirent, les Aschangos, s'armèrent d'arcs et de flèches, et Du Chaillu, traqué comme une bête fauve, dût prendre la fuite. La poursuite fut longue et acharnée. Blessé à la main et au côté, le voyageur n'atteignit qu'à grand'-peine les villages amis du vieux roi Quenguéza. Dans sa retraite précipitée, il avait dû abandonner ses notes, ses cartes, ses photographies, ses collections. L'œuvre de plusieurs mois de labeur était perdue.

Si ce dernier voyage d'exploration a été peu fructueux pour la science, si les volumes intitulés *l'Afrique équatoriale* et *l'Afrique sauvage*, écrits par un homme d'une imagination ardente, contiennent des peintures de mœurs trop fortement colorées et quelques exagérations, il faut reconnaître, avec M. de Compiègne, que Du Chaillu a été le promoteur du grand mouvement d'exploration et de découvertes qui a lieu en ce moment dans cette partie de l'Afrique. Le premier il a pénétré sous l'équateur dans l'intérieur du noir continent; « le premier il a envoyé dans le monde civilisé une foule d'animaux inconnus jusque-là (tels que le fameux gorille), passé de longues années à explorer des contrées dangereuses et essentiellement malsaines, séjourné au milieu de tribus cannibales, découvert le Ngounié et signalé le fleuve Ogowé, aujourd'hui l'une des plus importantes voies commerciales et scientifiques de l'Afrique occidentale (1). »

Sous l'administration de l'amiral Fleuriot de Lan-

(1) M. de Compiègne, journal *l'Explorateur*.

gle, en 1867 et 1868, on visita l'intérieur du continent en remontant le cours du fleuve principal et de ses affluents. Un maître mécanicien de la marine, qui a fréquemment accompagné l'amiral dans ses excursions et qui a séjourné deux ans au Gabon, a laissé des notes inédites qui m'ont été communiquées par sa famille. Elles m'aideront à donner au lecteur une idée du pays et de ses habitants (1).

« On n'avançait pas, dit M. Helmer, sans difficultés. Un canot, qui ouvrait la marche, sondait le fleuve dans la partie inconnue de son cours; néanmoins la canonnière à vapeur qui portait deux canons rayés échoua plusieurs fois sur des bancs de roches, et ce n'était souvent qu'après une journée de travail que l'on parvenait à la remettre à flot et à continuer la route. Des forêts impénétrables où il serait téméraire de s'aventurer sans guide, car on n'y rencontre pas le moindre sentier, bordent le fleuve. Dans les terrains marécageux, les palétuviers forment des fourrés inextricables où l'on ne peut se frayer une route que la hache à la main. Que l'on se figure des arcs plongeant par les deux bouts dans la terre, des branches qui pressent sur cette voûte et ainsi de suite des milliers d'arcs qui s'entrecroisent et dont la hauteur moyenne est d'un mètre cinquante centimètres. Dans les terrains secs, de longues et hautes broussailles cachent le pied des arbres; de temps à autre, l'on rencontre au milieu de ces fourrés des espaces vides semblables à des chambres, mais à des

(1) Le style de ces lettres, écrites avec naturel mais trop d'abandon, a été considérablement remanié.

chambres tellement obcures que l'on serait embarrassé de dire si le ciel est voilé de nuages ou si les rayons du soleil dardent de toute leur force. Ces forêts sont peuplées d'oiseaux de toute espèce qui les animent de leur ramage, de caïmans qui sont beaucoup moins amusants, de gorilles qui atteignent presque la taille humaine et ont une voix terrible, de tigres qui deviennent de plus en plus rares et d'antilopes qui fuient au moindre bruit avec une agilité prodigieuse.

» Les voleurs et les assassins se cachent dans ces fourrés impénétrables. On envoie à leur recherche les turcos ou l'infanterie de marine conduits par des espions. Quand on a trouvé la case de l'un de ces malfaiteurs, on le force, à coups de nerf d'hippopotame, à dire où sont les autres. Cet instrument, très usité chez les sauvages qui l'appellent la *paix du ménage*, consiste en deux morceaux de peau d'hippopotame tressés ensemble et de la longueur d'une canne ordinaire. Ce gourdin est à la fois plus dense et plus flexible qu'un nerf de bœuf. On devine sans peine quel effet doit produire la friction d'un pareil fouet. Aussi les Gabonaises, qui goûtent souvent de la paix du ménage, sont-elles très obéissantes à leur maris. »

De nombreuses cases, la plupart enfouies dans les broussailles, bordent le fleuve; elles sont construites en paille et en bambous. Les indigènes qui habitent l'estuaire du Gabon et de ses affluents appartiennent tous à la race nègre. Ils se divisent en tribus dont les principales sont celles des Gabonais, des Boulous, des Bakalais et des M'fans ou Pahouins. A l'exception des Bakalais et des Boulous, qui sont laids, les naturels du pays sont grands, bien faits, ont les traits réguliers, le nez moins épaté et les lèvres moins grosses que les nègres du Sénégal. Ces peuplades vivent des produits du sol et des ressources que leur fournissent la chasse et la pêche.

Les Gabonais sont plutôt bronzés que noirs et ont des yeux expressifs. Ils sont excessivement vaniteux. Aussitôt qu'ils ont acquis quelque aisance, ils achètent quantité de coffres et les étalent bien en vue. Ils vivent autour de nos établissements et sont traitants ou domestiques. Leurs femmes sont petites mais bien faites et ont des prétentions à l'élégance ; elle donnent le ton à la mode et se parent de colliers de verroterie, mais ne se piquent pas d'une grande rigidité de mœurs.

Dans cette tribu, l'homme le plus influent, le chef par conséquent, est celui qui a le plus de marchandises à vendre ; comme c'est la France qui fournit les marchandises, le chef est celui qui est le mieux avec la France. Le plus connu de ces roitelets indigènes était naguère un vieillard presque centenaire, le roi Denis (1). Je suis allé un dimanche, dit M. Helmer, chercher dans mon canot ce vieil allié que l'amiral voulait faire dîner à sa table.

« Nous partons à neuf heures, sous la conduite de l'aspirant Surcouff, et nous nous dirigeons vers la rive gauche pour aborder au village royal. L'espace à parcourir fut franchi en moins de 35 minutes. Arrivés près du village, nous apercevons une grande

(1) Le roi Denis est mort il y a quelques années.

pirogue montée par une trentaine de sauvages tous nus. C'était Denis en personne qui venait à notre rencontre. Sur le devant de l'embarcation, le roi était assis sur une espèce de trône; derrière lui venaient les rameurs, puis des joueurs de tam-tam; un indigène soufflait dans un instrument qui rendait des sons criards; sur l'arrière se tenait debout un autre noir agitant un drapeau tricolore. Tout ce monde poussait des cris en notre honneur. Je me mis à faire siffler notre machine, ce qui excita un rire général. Aussitôt que notre canot eut touché le rivage, M. Surcouff se leva, ôta sa casquette et, adressant la parole au chef noir, lui dit : « Roi, comment vas-tu? — Bien, bien, répondit Denis — Tant mieux, reprit l'aspirant.» M. Surcouff invita immédiatement le roi à entrer dans notre canot; il y monta et nous prîmes la pirogue à la remorque.

» Denis est un vieillard à cheveux blancs et crépus. Ses favoris sont taillés à la Louis-Philippe. Il porte une couronne dont les Anglais lui ont fait présent; il est vêtu d'un habit de grand amiral et chaussé de bas blancs et de souliers vernis. Tout cet accoutrement est bien comique; néanmoins, celui qui le porte inspire du respect, car sur sa poitrine brillent la croix de la Légion d'honneur et une médaille de sauvetage de première classe, en or massif, que la reine d'Angleterre lui a donnée. Ce sauvage est estimé des navigateurs à qui il a rendu de grands services en pilotant les navires. M. de Langle le fit dîner à sa table, et le soir je fus chargé de le reconduire. Son palais royal est une grande case en bambou. Ce chef est très respecté de ses sujets. »

Quelques semaines plus tard, l'amiral remonta le fleuve et visita les factoreries placées sous le protectorat français. Après les Gabonais, il rencontra la tribu des Boulous dont les cases aussi malpropres que mal bâties sont disséminées sur les deux rives du Gabon. Ils cultivent peu le sol et vivent au fond des forêts. Cette tribu, jadis puissante et qui paraît originaire du pays, ne compte plus aujourd'hui que trois cents individus.

Les Bakalais qui habitent au delà de la rivière Como sont rapaces, astucieux et voleurs. Ils sont vêtus d'un pagne comme les autres sauvages; leurs femmes portent des colliers en perles de verre et des anneaux de cuivre aux jambes; ils vivent au bord des rivières, sont chasseurs et nomades comme les Boulous, mais beaucoup plus commerçants que ces derniers. Ils fabriquent des tissus en fibre végétale et quelques instruments de musique. Ils sont au nombre de 50 à 60,000.

En s'avançant vers l'ouest, on rencontre la puissante tribu des M'fans ou Pahouins qui est la plus intelligente de toutes. Ces sauvages sont grands, bien faits, mais ont des figures féroces; leurs dents longues et pointues qu'ils aiguisent avec des pierres sont de véritables crocs; leurs cheveux, fort crépus et semblables à de la laine, tombent en tresses sur leurs épaules. Des peaux de chats sauvages ou de singes entourent leur taille qui est bien prise; des plumes de perroquets ornent leur tête. Habiles forgerons, ils fabriquent leurs armes qui consistent en lances, poignards, fusils, massues, arcs et flèches empoisonnées. Ces cannibales, aussi féroces que naïfs, ont offert à l'amiral, écrit M. Helmer, dix moutons en échange de notre excellent aumônier qui est gros et gras, et qu'ils voulaient mettre à la broche. Les Pahouins ne se font aucun scrupule de manger leurs semblables, pourvu toutefois qu'ils ne soient pas du même village qu'eux. Ils se sont depuis quelque peu adoucis au contact de la civilisation; mais ils sont restés braves, rusés, versatiles et farouches. A la moindre alerte, ils disparaissent dans leurs broussailles qui sont impénétrables et contiennent des armes bien plus terribles que les fusils et les canons : ce sont les fièvres et les coliques sèches.

Poussés par leur insatiable avidité et se recrutant sans cesse parmi les tribus établies au loin dans l'intérieur, ils s'avancent rapidement vers la côte, chassant devant eux les indigènes et détruisant tout ce qu'ils rencontrent sur leur passage. *L'Armorique* a rasé, en 1860, plusieurs de leurs villages; néanmoins, ils sont revenus à plusieurs reprises attaquer et ravager la colonie; mais à l'aide de quelques cadeaux, l'amiral Fleuriot de Langle a réussi à faire la paix avec eux. On avait compté sur ces sauvages pour régénérer les tribus énervées de la côte, mais l'habitude du pillage les a rendus paresseux. Leurs femmes sont même devenues très coquettes, bien qu'elles ne se parent que d'un morceau d'étoffe rouge appelé *ilo*.

Les Pahouins sont polygames et fétichistes comme toutes les tribus qui habitent les rives du Gabon et de ses affluents. Ils ne craignent rien tant que les mauvais sorts que pourraient jeter sur eux leurs ennemis ; aussi, se couvrent-ils le corps de prétendus talismans et ont-ils recours à des magiciens ou féticheurs pour écarter d'eux les mauvais génies et se guérir des maladies. Ces féticheurs, qui ont acquis une grande autorité sur ces naïfs enfants de la nature, exercent la médecine, rendent la justice et lèvent l'impôt à leur profit. La crédulité des Pahouins n'a d'égale que leur superstition. Celui d'entre eux qui a réussi à déterrer le crâne d'une femme blanche s'imagine être à l'abri de toutes les maladies et n'avoir rien à redouter dans les combats. Le fétiche consiste aussi soit en une petite statuette en bois grossièrement travaillé, soit en une peau d'animal, soit en une herbe. Pour faire périr son ennemi il suffit, disent ces sauvages, de placer un de ces objets sur la natte où il doit dormir.

En résumé, sous l'administration de l'amiral Fleuriot de Langle (1868-1869), on avait pacifié les indigènes, mais on n'avait guère occupé qu'une trentaine de lieues à l'intérieur du pays. On s'était arrêté au village de Criucha dont le roi se nomme Lango.

L'OGOWÉ ET LE CONGO

Voyage de MM. Marche et de Compiègne. 1872-1874 (1)

On venait de constater que le Gabon, dont le cours est large mais relativement peu étendu, ne pouvait permettre de pénétrer au loin dans l'intérieur de l'Afrique occidentale. Dès lors, les voyageurs français tournèrent leurs vues vers l'Ogowé dont M. Du Chaillu avait, dès 1859, signalé l'importance. Quelques-unes des tribus établies sur les rives de ce fleuve appelaient les blancs de leurs vœux, mais les Camas et les Orongou, qui prétendaient s'arroger le monopole des relations avec la côte, interdisaient l'accès de leur contrée du côté de la mer. Un officier de marine, M. Serval, partant de l'estuaire du Gabon, remonta d'abord la rivière Rhamboë; puis, aban-

(1) Les sources auxquelles l'auteur a puisé sont : *Trois voyages dans l'Afrique occidentale* par M. Marche, les lettres de M. de Brazza à sa mère, ses rapports au gouvernement, ses communications à la Société de géographie de Paris, une conférence faite par M. Ballay au Congrès de géographie de Nancy et qui est restée inédite, *l'Explorateur*, le journal *le Temps*, etc.

donnant sa pirogue, il s'avança à travers les forêts vierges, dans la direction de l'est. Après quatre jours d'une marche pénible, il atteignit l'Ogowé à 200 kilomètres de son embouchure. M. Aymès, lieutenant de vaisseau, reconnut le Fernand Vaz et, dans un second voyage, remonta l'Ogowé jusqu'à son confluent avec le N'Gounié. Il franchit même la pointe Fétiche qui, selon les noirs, ne devait jamais être profanée par le passage d'un blanc. M. Valker, négociant et explorateur anglais, guidé par les Bakalais qui, plus tard, pillèrent en partie ses bagages, prit la voie de terre et aboutit au même point. De là il remonta, après quelques jours de repos, le cours du fleuve jusqu'à Lopé, marché important du pays des Okanda. Presque en même temps, M. Schultz, représentant d'une grande maison de Hambourg. décida, à force de présents, les Camas et les Orongou à le laisser passer. Il alla se fixer à Adanlinanlango chez N'Combé, le roi soleil, y fonda une factorerie et se mit en relations directes avec les Gallois et les Inenga. Dès lors, l'Ogowé était ouvert au commerce européen qui y devint bientôt florissant. En moins d'un an trois maisons étaient fondées et achetaient aux indigènes, en quantités considérables, de l'ébène, de l'ivoire et du caoutchouc.

D'autre part, un certain nombre de savants soutenaient que le grand fleuve dont Livingstone avait découvert les sources n'était pas le Nil, mais un vaste cours d'eau se déversant dans l'Atlantique, c'est-à-dire le Congo ou l'Ogowé qui prenaient probablement naissance à peu de distance l'un de l'autre. Ce qui était en tout cas hors de doute, c'est que l'Ogowé offrait la voie la plus rapide et la plus sûre pour pénétrer par l'ouest dans l'intérieur du mystérieux continent. Forts de ces données, MM. Marche et de Compiègne se mirent en route sans la moindre subvention du gouvernement. Tout nous attirait, dit M. de Compiègne, vers ces contrées lointaines. « Géographes et explorateurs, nous allions avoir devant « nous un champ de découvertes sur lequel se concentrait l'intérêt du monde savant; naturalistes et « chasseurs, nous partions pour la région du gorille, « du Koolohâmba... et de l'inconnu. »

A la suite de conventions faites avec M. Bouvier, naturaliste à Paris, les jeunes explorateurs devaient acquitter les frais de leur voyage avec les collections d'histoire naturelle qu'ils rapporteraient. Mais, pendant la traversée, une guerre avait éclaté entre deux tribus qui dominent sur les rives de l'Ogowé, et MM. Marche et de Compiègne se virent contraints de séjourner près d'une année et demie au Gabon. Ils profitèrent de ce repos forcé pour étudier le M'Pongoué, langue du pays qui a pénétré dans l'intérieur de l'Afrique et que parlent les chefs, les féticheurs et les traitants de chaque tribu. Le reste de leur temps fut consacré à l'exploration des affluents de l'Ogowé et des lacs Zouangué, Azingo, Avanga et Mpindi, et à nouer des relations avec divers princes indigènes, en particulier avec N'Combé, le roi soleil, qui habite un village sale dont les maisons tombent en ruines, mais qui n'en porte pas moins à son cou, comme marque distinctive de sa puissance, une boite de sardines vide. Après avoir fait alliance avec Renoqué et N'Combé, deux des chefs du pays qu'ils allaient parcourir, nos hardis découvreurs se mirent en route le 9 janvier 1873 avec quatre pirogues manœuvrées par trente Inenga et cinquante Gallois. Dès le premier jour de navigation, ils furent assaillis par un violent orage, un vrai déluge; il fallut déballer les caisses et les sécher. Le fleuve, qui coule entre des rives boisées, forme une vaste nappe d'eau de 1000 à 1500 mètres de large semée de bancs de sable; puis son cours se resserre et passe au pied des roches de Tela Gogué. Avant de franchir cette passe sinistre, chacun des rameurs eut soin de prendre un peu d'eau dans le creux de sa main et de la lancer dans la direction des roches pour conjurer le fétiche. On traversa ensuite sans encombre le pays des Okota dont les habitants, petits et voleurs, ont été réduits à la misère par les farouches Ossyéba. On fit halte dans un village dont le chef, aussi peureux que vantard, se nomme Edibé. Il est vêtu d'une grande capote grise et coiffé, comme tous les nègres en relations avec la côte, d'un chapeau à haute forme démodé. Au pied du mont Otombi on dut franchir des rapides assez dangereux et l'on vint aborder chez les Apingi où tout l'équipage fut contraint d'assister à un long palabre entre cette tribu et celle des Okanda. Après quelques jours de repos chez cette peuplade douce et industrieuse qui sait faire de la poterie et tisser des nattes, on avance à travers des îlots de sable, et le 20 janvier on franchit la porte de l'Okanda, passe étroite encaissée entre des collines élevées et abruptes, et l'on arrive à Lopé, principal centre des Okanda, gens bien faits mais très bavards, dont les femmes viennent offrir des bananes aux voyageurs. C'était le dernier point atteint par MM. Valker et Schultz; aussi les Gallois et les Inenga refusèrent-ils d'aller plus loin. MM. Marche et de Compiègne ne se laissèrent point décourager par cette défection qu'ils avaient d'ailleurs prévue; mais ils durent pendant cinq semaines chercher et attendre des pagayeurs. Ils consacrèrent ce repos forcé à étudier le pays et à faire, par une chaleur de 40 degrés, des excursions soit chez les Bangoué, sales, bruyants et grands chasseurs, soit chez les cannibales Ossyéba qui habitent des cases fort basses, parlent la même langue que leurs voisins les Bangoué et ont les mêmes aptitudes commerciales.

Cent vingt Okanda, séduits par les offres brillantes qu'on leur fait, consentent enfin à prendre la place des pagayeurs fugitifs et à conduire les intrépides voyageurs chez les Adouma, petits et laids, et chez les Ossyéba « qui mangent l'homme ». On part le 28 février et, après avoir traversé les villages Okanda où les femmes apportent à nos hardis compatriotes des bouquets de feuilles d'arbres et crachent sur les pirogues en signe de bienvenue, on franchit le confluent de l'Ogowé et de l'Ofoué. Cette rivière, large de cent mètres, est l'un des principaux affluents de gauche du fleuve principal. Bientôt on arrive aux chutes de Boué. Pendant tout ce périlleux voyage, les explorateurs avaient eu à disputer leur vie aux fièvres des bois et des marais; ils avaient dû à plusieurs reprises lutter contre les indigènes; mais, à partir de ce point, l'existence de nos vaillants compatriotes fut chaque jour en danger, car les Ossyéba, peints en rouge et armés de fusils qu'ils chargent avec des morceaux de fer et de fonte, suivirent et guettèrent les voyageurs dont ils convoitaient les bagages. La petite escorte hésitait à affronter ces dangereux ennemis, mais le grand féticheur du pays, gagné par des présents, ordonna de passer, et dès lors chacun des guerriers, après s'être frotté le dos et le front avec une pâte noire, se crut invulnérable.

Bientôt, à l'embouchure de la rivière Ivindo, le cri de guerre des farouches Ossyéba retentit; les Okanda, cachés derrière des arbres, soutiennent le feu; mais leurs chefs décident, après quelques instants de délibération, qu'il est prudent de reculer. Aussitôt les pagayeurs se précipitent vers les pirogues qu'ils allègent de toutes les marchandises qu'elles contiennent, sauf les leurs bien entendu. Il fallut, bon gré mal gré, faire une pénible retraite sous le feu de l'ennemi. MM. Marche et de Compiègne déçus dans leurs espérances, mais non découragés, regagnent le Gabon et rentrent en France avec une santé délabrée.

Ils avaient, au prix de bien des souffrances et en exposant plusieurs fois leur vie, soit dans la descente des rapides, soit dans des luttes avec les indigènes, parcouru 470 kilomètres sur l'Ogowé, dont deux cents milles jusqu'alors inexplorés. Ils étaient arrivés, au dire des Okanda, à quatre journées des grands lacs intérieurs. Ils rapportaient de riches spécimens de la flore du pays; ils en avaient étudié la faune et les populations. Ils avaient indiqué la voie à M. de Brazza, mais aucun d'eux ne devait avoir l'honneur de planter le drapeau de la France sur les rives du Congo.

Peu de temps après son retour, M. le marquis de Compiègne, devenu secrétaire de la Société de géographie du Caire, était tué dans un duel, au moment où il se préparait à tenter une nouvelle exploration de la contrée qui s'étend entre l'Ogowé et le Livingstone. « La science perdait en lui un de ses plus courageux et de ses plus infatigables pionniers. »

Premier voyage de MM. Savorgnan de Brazza Marche et Ballay. 1875-1878

Quelques mois plus tard, un enseigne de vaisseau, M. Savorgnan de Brazza, jeune Romain naturalisé français (1), chargé par le ministre de la marine d'une mission dont le but était de continuer, en les complétant, les découvertes faites par MM. Marche et de Compiègne, venait prier le dernier survivant de la première entreprise de se joindre à lui. M. Marche accepta sans la moindre hésitation. Il tenait beaucoup plus au succès de l'œuvre commencée qu'à l'honneur de la diriger. On adjoignit à ces deux vaillants jeunes hommes M. Noël Ballay, aide-médecin de la marine, le contre-maître Hamon, treize Sénégalais et quatre Gabonais armés de chassepots. L'expédition partit de Bordeaux en août 1875. Quand

(1) Savorgnan de Brazza (Pierre-Paul-François-Camille) est né à Rome, le 26 janvier 1852, d'une famille italienne. Dès son plus jeune âge, un goût très prononcé pour la marine se manifesta en lui. Ne voulant, pour des raisons toutes personnelles, servir dans la marine italienne, il obtint de l'amiral Montagnac, avec lequel sa famille était fort liée, d'entrer au titre étranger à l'École navale française; c'était en 1875. En 1878, il se faisait naturaliser Français et entrait dans la marine française comme enseigne de vaisseau.

Le marquis de Compiègne.

les voyageurs arrivèrent au Gabon, ils furent saisis d'étonnement en voyant quelles transformations avait subi la contrée; plusieurs villages avaient disparu ou changé de place; les Bakalais, continuant leur marche envahissante, avaient gagné du terrain sur les Gallois et les Inenga; le pays était inondé et les habitants fuyaient sur les hauteurs. Le commerce allait mal; les Bakalais et les Pahouins falsifiaient plus que jamais le caoutchouc. La maison Pilastre, le seul comptoir français important du Gabon, s'apprêtait à quitter le pays.

M. Marche, envoyé en avant, chercha à recruter des pagayeurs et à louer des pirogues pour lesquelles on lui demanda des prix exorbitants. Pour occuper ses loisirs, il fit quelques excursions. Il se dirigea vers la tribu des Gallois où il assista à deux palabres causés par des enlèvements de femmes, et alla ensuite visiter le village du roi soleil dont les femmes accoururent lui demander du tabac et de l'alougou et le trouvèrent très engraissé. Pourvu, ajoute le voyageur, que les Ossyéba n'aient pas la même idée! A la place de nombreuses habitations il ne trouva plus que trois ou quatre cases très sales et tombant en ruines.

Les prétentions des Gallois de Rénoqué, qui s'étaient engagés à fournir aux explorateurs des hommes et des pirogues pour monter dans l'Okanda, ayant paru exorbitantes, M. de Brazza, qui venait d'arriver avec le reste de l'expédition, résolut de s'adresser aux Bakalais. Dans ce but, MM. Marche et Ballay partirent le 9 décembre pour Sam Quita où ils arrivèrent le 12. Ils devaient de là remonter jusqu'à Lopé et envoyer des Okanda prendre le chef de l'expédition, ses hommes et ses bagages. N'Dinguó, l'un des chefs bakalais, que sa tunique galonnée faisait ressembler à un employé du gaz, fournit en effet quelques pagayeurs conduits par son fils. Après divers palabres avec les Onéros ou chefs indigènes, quiprirent soin de stipuler des conditions très favorables aux leurs, M. Marche se mit en route, le 16 janvier 1876, pour gagner Lopé; mais dès qu'il fut arrivé au pied des rapides, les perfides Bakalais, auxquels les Okota avaient vendu de petites pirogues pour les aider à fuir, abandonnèrent le voyageur. Heureusement M. de Brazza, survenant avec dix pirogues chargées, rejoignit son compagnon et, après vingt-huit jours de fatigues et de tracas sans cesse renaissants, après avoir plusieurs fois chaviré et perdu une partie de la poudre, des marchandises et des bagages, on arriva à Lopé, grand marché d'ivoire et d'esclaves. Le sel est là le principal objet d'échange. Les Okanda, qui sont voleurs mais commerçants, l'aiment au point qu'ils en mangeraient pendant des heures entières.

Là encore la physionomie du pays avait complètement changé : au lieu des hautes eaux, l'on n'apercevait que des bancs de roches et le lit du fleuve.« L'Ogowé, dit M. Marche, se métamorphose sans cesse; les eaux du fleuve changent de couleur à chaque saison.» La domination de la contrée semblait également avoir passé en d'autres mains. Un certain Boïa, que les premiers explorateurs avaient connu marmiton, coiffé maintenant d'un casque de pompier, posait en roi du pays. Les Okanda cultivent le maïs et se nourrissent de pistaches. Ils sont relativement puissants et tiennent sous leur dépendance les Asimba ou Simba qui ne possèdent que quatre villages. Le docteur Lenz a constaté parmi ces derniers un établissement de nains Obongo, composé de six huttes. Les explorateurs français firent à Lopé la rencontre du célèbre docteur autrichien Lenz, homme de figure douce et très patient, trop patient même. Il était retenu depuis un an chez les Okanda qui refusaient de le laisser partir, malgré les nombreux et importants cadeaux qu'il leur avait faits. Trois fois il avait quitté cette tribu avide pour essayer de traverser le pays des redoutables Ossyéba auxquels il avait également envoyé de riches présents, mais ceux-ci les lui avaient retournés en disant que pour chacun des hommes que MM. Marche et de Compiègne leur avaient tués ils voulaient le sang d'un blanc. Le docteur put toutefois, en suivant la route que venaient d'ouvrir les voyageurs français, partir quelques semaines plus tard et rejoindre par terre le pays des Adouma où M. de Brazza l'avait devancé.

Si l'on avait déjà rencontré des difficultés considérables, la santé générale des membres de l'expédition était jusqu'alors assez bonne, bien que M. Marche, puis M. de Brazza et enfin le docteur Ballay eussent payé, par d'assez forts accès de fièvre, tribut à l'insalubrité de ce climat énervant.

Pendant que M. de Brazza se dirigeait vers le pays des Adouma, c'est-à-dire vers le haut Ogowé, M. Marche faisait une excursion chez les Okona, proches parents des Asimba et qui cultivent comme eux une contrée montueuse. Parti avec des guides Okanda, qui déclaraient eux-mêmes ne pas connaître la route, l'explorateur arriva chez les Simba qui habitent, à deux jours de marche de l'embouchure de la rivière Ofoué, des villages propres et bien bâtis.

Les cases, faites de bambous, sont relativement hautes. Les femmes accoururent au-devant de notre compatriote et lui apportèrent des poules, des bananes et des pistaches. Quant aux hommes, qui sont d'ailleurs d'assez belle taille, ils se montrèrent fort défiants, car, pour empêcher le voyageur de visiter la contrée, on lui affirma à chaque village qu'il traversait que celui-là était le dernier, et les chefs vinrent lui dire l'un après l'autre : je ne veux pas que tu ailles plus loin. Néanmoins, l'intrépide explorateur se mit en route, guidé par sa boussole et précédé de son fidèle Sénégalais Samba Dialo. Pendant son court séjour chez les Simba, M. Marche put constater combien ces sauvages sont superstitieux. Les Okanda leur avaient vendu un fétiche; mais depuis que ce fétiche était dans le village, une femme et deux enfants étaient morts. Les Simba saisis de terreur exigeaient que les Okanda reprissent le fétiche et payassent les morts.

M. Marche, échappant à la surveillance organisée autour de lui, alla faire une excursion chez les Okoa. Ces sauvages, sans être précisément des nains, n'atteignent guère qu'un mètre cinquante, mais sont bien proportionnés. Leurs femmes, qui ont la figure ronde et assez agréable, sont en général bien faites. L'Okoa est grand chasseur et cultive le tabac pour ses besoins. Faute de gibier, il se nourrit de la chair du serpent python.

Quand M. Marche, de retour chez les Simba, veut

se diriger vers le pays des féroces Ossyéba et que ses porteurs l'apprennent, ils viennent l'un après l'autre lui murmurer à l'oreille : tu sais que les Ossyéba aiment beaucoup la viande. En effet, cette peuplade cannibale est en guerre continuelle avec les Okanda dont elle enlève les femmes et les enfants. On se mit en route malgré ces prédictions sinistres et, après avoir traversé la rivière Ofoué, bordée en partie de villages Okanda, on marcha sous le fourré et on arriva, par une chaleur de 35 degrès centigrades, sur de petites collines complètement nues où s'étalent les cases très basses et faites d'écorces qu'habitent les Ossyéba. Ceux-ci déclarèrent au voyageur qu'il lui faudrait trente à quarante jours pour atteindre les sources de l'Ofoué qui n'a, à certains endroits, que soixante mètres de large, et dont les rives sont au pouvoir de diverses tribus parmi lesquelles on distingue les Chakaï, les Okota, les Machamabel, les Machanga et les Itchogo. Outre que cette région est désolée par d'innombrables légions de fourmis fort incommodes, M. Marche, ne jugeant pas prudent de s'attarder chez les Ossyéba, regagna Lopé en traversant le pays qu'habitent les Bangoué, peuplade sale et bruyante, mais inoffensive.

Dans l'intervalle, M. de Brazza prenant les devants s'était dirigé vers le territoire du feu roi Edibé. M. Marche partit le 28 juillet de Lopé pour aller le rejoindre chez les Adouma. Il traversa, non sans de grands efforts, les rapides de Boumbé qui s'étendent sur un espace de trois à quatre milles. Il fallut décharger les bagages et porter l'unique pirogue sur laquelle l'escorte s'était entassée. Le lendemain, remise à l'eau, elle fut soulevée par un hippopotame qui plongea rapidement en entendant les cris d'effroi des pagayeurs. Le 10 août on franchit la chute de Boué où le fleuve s'engouffre avec une vitesse effrayante dans un entonnoir de roches large de cinquante mètres, entre des rives hautes de deux cent cinquante à trois cents pieds. On dut traîner les pirogues pendant plus de cinq cents mètres sur un terrain coupé de troncs d'arbres sur lesquels les Okanda crachaient de temps à autre et se frottaient le nez, sans doute pour se donner du courage. On traversa ensuite quelques villages Ossyéba et l'on atteignit la rivière Ivindo où les explorateurs ont été arrêtés, en 1874, par une attaque des féroces Ossyéba. A partir de ce point, les rapides cessent et des roches plates bordent l'Ogowé dont la rive droite, couverte de forêts, est basse et marécageuse. On traverse, non sans inquiétude, quelques autres villages Ossyéba dont les habitants peints et en armes se tiennent sur la rive du fleuve dans une attitude peu rassurante ; on franchit la rivière Isilo et l'on rejoint de nouveau M. de Brazza qui redescendait malade. L'expédition, pour la seconde fois réunie, se composait de vingt-deux pirogues et de deux cents pagayeurs. Elle s'arrêta quelques jours chez les Ossyéba ; mais le 2 septembre, M. Marche se dirigea vers les campements des Obamba, situés sur la rive droite du fleuve, et où les vieillards sont tous peints en rouge, barbe et cheveux compris. Il traversa ensuite un village Adouma dont l'entrée est défendue par un trou long de 40 centimètres et large de 20, au fond duquel sont plantés de petits piquets d'ébène, fort pointus et empoisonnés, destinés à écarter les voleurs et les ennemis. Quant aux villages Obamba, ils sont propres ; les cases faites en paille et en bambou y sont grandes, parfois 15 mètres de long sur 8 de large ; au fond s'élève une espèce d'autel sur lequel se trouve le fétiche. M. Marche, continuant sa route, s'avança dans le but de se procurer des provisions jusqu'à la cataracte de Doumé, dernier point atteint par M. de Brazza, en 1876. Pendant la saison des hautes eaux, la chute n'est guère qu'un barrage ; en d'autres temps, elle n'a pas plus d'un mètre cinquante. Le fleuve est large et bordé de forêts peuplées de panthères et d'antilopes. Les naturels vivent de la chasse et de la pêche qui est abondante dans les marais voisins de l'Ogowé ; ils nourrissent des moutons, des porcs, des chèvres, des cabris, des poules, et cultivent des arachides qui sont le principal objet d'échange des tribus entre elles. Toutes les peuplades qui habitent cette région sont décimées par les épidémies, surtout par les fièvres et la petite vérole que l'on soigne en faisant prendre aux malades force bains froids. Si le mal paraît incurable, on jette à l'eau celui qui en est atteint. Ces sauvages sont tellement avides et ont si peu l'instinct de la reconnaissance, qu'une femme disait au docteur Ballay qui, après avoir soigné ses deux enfants, exprimait le désir de se laver les mains : « Que me donneras-tu si je t'apporte de l'eau ? (1) »

Les villages bâtis sur un terrain élevé sont ca-

(1) M. Marche.

chés derrière un rideau d'arbres. L'arrivée d'un blanc y excite, comme dans toute la région de l'Ogowé, une grande rumeur et provoque un tumulte général. Parfois il est reçu à l'entrée par l'un des chefs de la tribu, tout barbouillé de blanc. Les Adouma pratiquent la polygamie, car l'un des chefs du pays a plus de cent femmes. M. Marche, quittant à regret ces pauvres gens qui l'avaient bien accueilli, se remet en route et atteint l'embouchure de la rivière Chibé dont les eaux sont d'une teinte beaucoup plus sombre que celles de l'Ogowé. Le fleuve a ici six cents mètres de large ; ses rives sont hautes et boisées. A en croire les indigènes, dans le pays des Adziana, il serait barré par des rapides. Le voyageur continue à remonter le fleuve qui est toujours bordé de forêts, derrière lesquelles s'élèvent des collines nues; quelques villages bâtis sur de petites éminences rompent la monotonie du coup d'œil. Bientôt il arrive au confluent de la rivière L'Nconi qu'il lui est impossible de reconnaître, car elle est barrée de troncs d'arbres. Les Adziana et les Adouma qui habitent le voisinage font du sel. Ces derniers le tirent d'une plante qu'ils brûlent et dont ils recueillent les cendres qu'ils font bouillir jusqu'à complète évaporation.

Les Adziana cultivent en grand le manioc, la pistache, la banane, les fèves et le tabac. Les M'Baiti, indigènes du sud qui viennent acheter chez ces derniers diverses marchandises, sont vêtus d'un pagne fait d'herbes textiles ; leurs femmes portent une petite natte par devant et par derrière et s'ornent les oreilles de morceaux de bois gros comme le pouce. Les fusils étaient alors inconnus dans toute cette contrée; les naturels n'avaient pour armes que des arcs, des flèches, des coutelas et des lances empoisonnées.

L'intrépide explorateur s'avance au milieu de ces tribus sauvages jusqu'au confluent de la rivière Kaléi qui a de soixante à quatre-vingts mètres de large; mais déjà huit de ses pagayeurs l'ont abandonné et on lui apprend « qu'à sept jours de marche se trouve une chute aussi forte que celle de Boué, appelée Poubara ; qu'en aval on rencontre la rivière Bombi aussi large que l'Ogowé » et au moyen de laquelle les traitants du Congo envoient aux noirs les marchandises européennes. Le voyageur, qui voit arriver le terme assigné par M. de Brazza à son excursion, gravit un monticule et jette un regard d'adieu sur cette terre qu'aucun Européen n'a foulée et où il espère revenir bientôt. Il redescend ensuite tristement l'Ogowé (ses instructions lui en font un devoir) et il rentre en Europe.

M. de Brazza allait poursuivre intrépidemment l'œuvre commencée. Il lui fallut un courage à toute épreuve, une grande prudence et surtout une rare patience pour la mener à bonne fin, car, dès son arrivée dans l'Afrique équatoriale, il se trouva en face de difficultés en apparence insurmontables. Le bateau à vapeur *le Marabout* avait déposé à Lambaréné, à 220 kilomètres de la côte le personnel et les bagages de la mission; mais, pour continuer sa route, le vaillant enseigne de vaisseau devait d'abord trouver des pagayeurs ou des porteurs. Or, comme il n'y a pas de bêtes de somme dans cette contrée et que les services se payent avec de l'alougou, de la poudre, des étoffes ou des verroteries, tout voyageur doit se faire suivre d'une quantité considérable de caisses qui nécessitent de nombreux porteurs ou pagayeurs. D'un autre côté, non seulement ceux-ci ne pénètrent qu'avec répugnance sur le territoire de voisins avec lesquels ils sont en guerre, mais encore, après ne s'être engagés qu'à des conditions exorbitantes, ils font souvent défection. Les Inenga et les Gallois demandaient à M. de Brazza 100 francs par tête pour aller de Lambarené à Sam Quita, c'est-à-dire pour un trajet de quatre-vingts kilomètres. M. de Brazza fut donc contraint d'envoyer MM. Marche et Ballay demander aux Okanda de descendre chercher l'expédition à Lambarené, et lui-même partit quelques jours après sur un bateau appartenant à M. Schmider, négociant européen. Ce bâtiment remorquait une grande pirogue montée par des laptots du Sénégal et chargée de marchandises. Pendant le voyage, l'explorateur s'occupa du relèvement du cours du fleuve et d'observations astronomiques; mais, au retour, le vapeur de M. Schmider se heurta contre un arbre ensablé au milieu du fleuve, et M. de Brazza perdit le cahier où il avait mis au net les tours d'horizon pris en montant. Le lendemain de son arrivée, le chef de l'expédition se met de nouveau en route pour gagner Sam Quita où s'étaient arrêtés MM. Marche et Ballay. Mais ce dernier souffrait de la fièvre intermittente, et le 18 janvier M. de Brazza, qui avait vainement attendu le rétablissement de son compagnon, partait pour rejoindre M. Marche à Sangalati, chez les Okota. Pendant ce pénible voyage, M. de Brazza voulut continuer ses relèvements détaillés du fleuve; mais, exténué de fatigue, il dut renoncer à ses observations et se contenter d'un croquis levé à la boussole. Le 22 janvier M. de Brazza rejoignait M. Marche. Celui-ci avait été abandonné par ses pagayeurs bakalais qui avaient touché la veille moitié de leur solde. Les Okota, voulant tirer profit de la présence d'un blanc parmi eux, avaient, comme à l'ordinaire, effrayé les Bakalais et les avaient engagé à prendre la fuite. Pour faciliter leur désertion, ils leur avaient même vendu des pirogues. M. Marche s'était mis à la poursuite des voleurs qui lui emportaient des étoffes et un fusil; il avait même tiré sur l'un d'eux et l'avait blessé; mais il n'avait pu rattraper que cinq fuyards. Il était donc prisonnier des Okota et il lui fallait accepter les conditions exorbitantes qu'ils mettaient à leur engagement. Pour comble de disgrâce, le roi Edibé, qui jouissait d'une assez grande influence sur les divers villages de cette tribu, venait de mourir.

Renoqué présenta à nos compatriotes un certain Giongo comme le grand chef des Okota. « En réalité, « dit M. de Brazza, c'est un chef qui n'a pas plus « d'influence que les autres, mais de qui Renoqué « tient à faire le remplaçant d'Edibé; il se créera « ainsi un homme à sa dévotion auquel il fera des « cadeaux par les Européens qui nous succéderont, « à condition que lui, Renoqué, toutes les fois qu'il re- « montera chez les Okanda, puisse trouver au retour « beaucoup d'esclaves à acheter. En un mot, ce sont « les Européens qui font les chefs de tribu dans « cette contrée; ce sont eux qui, en leur faisant des

« cadeaux, leur donnent le peu d'influence qu'ils « exercent sur les gens de leur tribu qui ne sont pas « de leur village. »

Comme en réalité l'autorité du roi décédé avait été remplacée par celle de tous les petits chefs de village, l'on ne savait plus à qui s'adresser pour les transports. L'un promettait des hommes et ne les envoyait pas ; un autre prenait à son tour les mêmes engagements, acceptait les cadeaux et devenait invisible. Cependant, sur les instances réitérées de M. de Brazza, les Okota finirent par envoyer les hommes demandés et, le 23 janvier 1877, le chef de l'expédition se remit en route; mais M. Marche, resté en arrière, ne put obtenir des pagayeurs qu'en menaçant de brûler le village de Sangalati.

M. de Brazza avait dû, avant son départ, sévir contre Conga, chef gallois, qui montait une de ses pirogues. Profitant de l'influence que lui donnait la présence des explorateurs, celui-ci avait réglé à sa manière un palabre « qu'il avait eu avec les Okota, en enlevant de « force la femme cause du palabre. Le village Okota, « auquel cette femme avait été enlevée, avait promis « de tirer sur la pirogue de Conga quand elle passe« rait. Cette menace ne m'effrayait, pas, dit M. de « Brazza, car je commence à connaître assez les « peuples qui habitent cette contrée pour savoir « qu'elle ne devait pas être mise à exécution. Mais « ne voulant à aucun prix que la force dont je dispo« se servît à protéger un chef contre un autre, et ne « voulant pas me faire des ennemis sur la route par « laquelle je puis avoir des relations avec l'Europe, « j'ai ordonné à Conga de laisser la femme qu'il

« avait prise et de régler le palabre quand il redes-
« cendrait la rivière. Conga ne voulant pas se sou-
« mettre à cette décision et ayant tiré son couteau
« en marchant sur le laptot auquel j'avais dit d'aller
« chercher la femme, je lui fis attacher les mains et
« prendre son couteau. Quant à la femme, elle fut
« laissée libre d'aller où elle voudrait. »

Après cet acte de justice et d'humanité les deux explorateurs se dirigèrent avec onze pirogues vers le haut Ogowé. Ils s'arrêtèrent quelque temps chez les Apingi qui sont en guerre presque continuelle avec les Ossyéba qui les pillent. Les Apingi sont relativement doux et industrieux; ils cultivent le hatchi, élèvent des abeilles et récoltent le caoutchouc. Ils savent faire des nattes et de la poterie. Etablis autrefois sur la rive nord de l'Ogowé, ils en ont été chassés par la farouche peuplade des M'Fans Maké.

Le 2 février on se mit en route pour remonter le fleuve et l'on arriva le soir aux rapides d'Elancha. Les Inenga vinrent dire que, si l'on prenait la rive droite de l'Ogowé, il ne serait pas nécessaire de décharger les pirogues, mais qu'ils ne consentaient à se diriger de ce côté que si les laptots descendaient à terre pour contenir les Pahouins qu'ils redoutaient. L'apparition des Pahouins dans ces parages ne remonte qu'à environ vingt-cinq ans. Bien que ces sauvages ne soient pas nomades, ils se déplacent fréquemment. Quelque accident ou un mauvais présage suffit pour leur faire abandonner un emplacement favorable pour la culture ou le commerce. Ils sont sans cesse en guerre avec leurs voisins.

Pour éviter le transbordement des marchandises,

on suivit le conseil donné par les Inenga. Mais à peine s'était-on dirigé vers l'autre rive, que les hommes de M. Marche vinrent prévenir M. de Brazza que sa pirogue, qui était de beaucoup la plus sûre, avait chaviré et qu'une partie des instruments les plus précieux était perdue. L'un des chronomètres était hors de service; un certain nombre d'objets avaient été volés, car les Apingi, accourus immédiatement à la nouvelle du désastre, avaient pratiqué pour leur compte le sauvetage des caisses; une autre pirogue allait se briser sur les rochers. « Les laptots se mirent à la nage et parvinrent à amarrer une longue corde à l'un des bouts de la pirogue, et, de la plage, on la déhala à terre (1). » Pendant ce temps, les laptots avaient éloigné à coups de fusil quelques pillards qui se cachaient sur l'autre rive.

« Exténués de fatigue, dit M. de Brazza, nous « campâmes le soir, n'ayant même plus une seule « casserole pour faire la cuisine. Je tâchai de sauver « mes papiers, mes livres, mes notes qui étaient « complètement mouillés; mais à peine couchés, « le factionnaire vint nous dire qu'une pirogue était « partie en dérive dans les rapides. Celle-là conte- « nait vingt et une caisses en bois, c'est-à-dire qua- « rante-deux caisses à porteur en tôle. Si elle était « trouvée par d'autres que mes hommes, elle serait « certainement pillée. Je partis immédiatement en « descendant le cours du fleuve, le long des roches « et des cailloux de la rive, et je laissai sur ma

(1) Lettre de M. de Brazza.

« route des laptots échelonnés afin de veiller, au « jour, le cours du fleuve. Après trois heures de « marche, je m'arrêtai à un endroit où la rivière se « resserre entre deux grands rochers, pensant que « la pirogue, arrêtée par les roches qu'elle aurait « rencontrées en route ne m'aurait pas devancé. « J'allumai un feu énorme qui, grâce à une conca- « vité du rocher, ne se projetait que sur les eaux « de la rivière, et j'attendis le jour en regardant si « les débris charriés ne viendraient pas m'annoncer « la perte de mes richesses. Au jour, j'étais récom- « pensé des fatigues de la nuit; à 500 mètres plus « haut que l'endroit où je m'étais arrêté, j'aperçus « la pirogue intacte échouée en travers sur un « rocher; elle n'était même pas remplie. J'oubliai les « pertes de la veille et deux coups de revolver, ré- « pétés par les mousquetons des hommes que j'avais « échelonnés sur la rive, allèrent annoncer à « M. Marche que la pirogue était retrouvée (1). »

Le désastre n'en était pas moins grand. On avait perdu dix caisses ne contenant pour la plupart que des marchandises et du tabac; mais l'une d'entre elles renfermait des préparations d'histoire naturelle réservées au Muséum.

Après quelque repos, l'on se remit en marche et, le 10 février au soir, on arrivait à Lopé, village Okanda, situé sur la rive droite du fleuve à 119 kilomètres du confluent de l'Ivindo.

On fit là un long séjour et l'on put étudier les mœurs des indigènes. Les Okanda sont pêcheurs et

(1) Lettre de M. de Brazza.

commerçants, mais rusés et voleurs. A défaut de gibier et de poisson, ils mangent la chair des chauves-souris. Comme toutes les tribus riveraines de l'Ogowé, ils n'ont que du mépris pour les femmes. Quand l'une d'entre elles est vieille ou jalouse, on en fait cadeau à un voisin qui souvent s'en débarrasse au profit d'un troisième. Dans les conversations il n'est pour ainsi dire question que des écarts de ces dames dont les mœurs sont très relâchées. Elles aiment à se parer et croient se rendre belles en se peignant le corps en blanc, en rouge ou en noir avec de l'huile de palme. Elles s'arrachent les cils et se coiffent artistement à l'aide de miroirs. Cette peuplade n'enterre pas ses morts, mais les jette à l'eau une pierre au cou. Les esclaves sont nombreux chez les Okanda qui en font le commerce. Ces malheureux ont au pied une bûche fendue en deux et dont on retrécit l'ouverture au moyen d'un morceau de fer que l'on enfonce au milieu ; une corde leur sert à soulever et à supporter cette bûche quand ils veulent marcher (1). Mais à l'exception de cette barbare torture, les noirs des rives de l'Ogowé, et les Okanda en particulier, ne maltraitent pas leurs prisonniers, de peur de détériorer leur marchandise. Ces esclaves viennent du pays des Oubanji ou de celui des Obamba. Chacun, dans ces régions en général mal cultivées, tient à passer pour riche, et celui qui n'a rien à échanger vend son père, ses frères ou ses sœurs pour paraître du *grand monde*.

Les Okanda comprennent quels avantages ils

(1) M. Marche.

pourraient retirer de leurs relations avec les Européens; aussi l'un de leurs chefs les plus influents consentit à conduire les explorateurs jusque sur le haut Ogowé, et de là il revint au Gabon où il prêta serment au gouvernement français (1).

M. de Brazza prit soin de faire de Lopé un lieu de ravitaillement en cas d'accident. M. Ballay, complètement rétabli, fut envoyé à Sam Quita où il acheta, de la maison Hatton et Cook, 3,500 mètres d'étoffes, 10 grands barils de poudre et 50 neptunes pour réparer les pertes faites au passage des rapides. Il fallait d'ailleurs renouveler les provisions, car les goûts des Okanda avaient changé. Quand M. Marche est arrivé, écrit M. de Brazza, on ne demandait que du sel (2); actuellement, on ne demande plus que des étoffes.

Se voyant forcé de séjourner à Lopé jusqu'à la fin de la saison des pluies, le chef de l'expédition s'y fit construire une case aussi confortable que le permettent les ressources du pays; mais il profita de son séjour dans cette localité importante pour faire quelques excursions chez les farouches et avides Ossyéba. Ceux-ci savent travailler le fer, mais ne cultivent pas le sol. Ils habitent une contrée riche en gibier et font la chasse aux antilopes dont ils sèchent et fument la chair pour en former la provision de viande de l'année. Tous sont armés de fusils auxquels certains d'entre eux ajoutent un pis-

(1) Conférence de M. Ballay au Congrès de géographie de Nancy.

(2) Un esclave se payait alors quatre kilos de sel.

tolet. Guerriers terribles et redoutés, ils ont chassé de leurs demeures les Okanda et les Ossyéba, autrefois établis au confluent de la rivière Lazo. Nous sommes vos amis, disaient-ils à M. de Brazza, mais nous ne « voulons pas être les amis des Okanda qui, lorsque « nous n'avions pas de fusils, nous ont volé nos « femmes et nos filles et nous ont massacrés. Quand « ils monteront avec toi nous ne leur dirons rien, « mais quand ils seront seuls nous les tuerons. »

La saison des pluies touchant à sa fin, M. de Brazza loua des pagayeurs et fit ses préparatifs pour le départ. « J'espère, écrit-il, que cette fois tous les « Okanda se réuniront pour partir ensemble et forcer le « passage qui leur est interdit par les Ossyéba. Il « est bon d'être en force pour repousser une atta- « que ; mais, de mon côté, je fais tout pour l'éviter, « d'autant plus que mes alliés, les Okanda, sont loin « d'être un peuple aussi guerrier que les Ossyéba. « C'est pour cela qu'au commencement d'avril j'ai « fait seul une excursion chez les Ossyéba (M'Fans « Maké) qui habitent au delà de la rivière Ofoué. « J'ai été au village de Mamiaka, chef assez influent, « qui se trouve à une journée de marche de la « rivière Ofoué. Mes fusils de guerre et mes fusils « à longue portée leur ont donné une haute idée de « ma puissance. Néanmoins, en véritables sauvages, « ils ont bien peu laissé paraître leur émotion. »

M. de Brazza quitta Lopé pour se diriger par terre vers le pays des Adouma qu'aucun Européen n'avait encore visité. Au-dessus de Lopé, le fleuve est entrecoupé par des îlots et barré par des bancs de sable qui rendent la navigation très difficile. L'Ogowé se resserre et forme une série de rapides sur un espace de trois à quatre milles. MM. Marche et Ballay, accompagnés de 200 Okanda et de 8 laptots montés sur 23 grandes pirogues et 8 petites, traversèrent le confluent de l'Ofoué, mais sans s'y arrêter, car M. Marche avait pris soin de reconnaître les populations qui habitent sur ses rives.

On franchit, non sans de grandes difficultés, la chute de Boué, haute d'environ douze mètres. La rive gauche du fleuve est formée de collines de deux cent cinquante à trois cents pieds. L'eau se précipite dans une sorte d'entonnoir, remonte et tourbillonne sur elle-même. On était alors à la saison des basses eaux. « Il fallut traîner les pirogues de roche « en roche sur une longueur de 1800 mètres, car la « cataracte, qui d'ordinaire se divise en trois chutes, « était alors presque à sec (1). »

Les rives du fleuve sont habitées par les M'Fans Maké, cannibales assez laborieux qui apportent leurs marchandises aux factoreries. MM. Marche et de Compiègne s'étaient arrêtés là devant une attaque des indigènes.

A partir de ce point, le pays devient monotone et le fleuve coule à travers d'épaisses forêts. Vers le confluent de l'Ivindo, la rive droite de l'Ogowé est basse et marécageuse. L'expédition allait désormais rencontrer des difficultés d'un nouveau genre; au delà du confluent de l'Ivindo, elle pénétrait chez des populations ouvertement hostiles. Les féroces Ossyéba se tenaient en armes sur la rive droite du fleuve.

(1) M. Marche

Il fallut ranger en bataille les Okanda et les laptots, mais après avoir parlementé avec l'un des chefs Ossyéba auquel on fit des cadeaux, on put continuer la marche en avant. On fut arrêté de nouveau quelques milles plus loin par un autre village dont les habitants montraient des dispositions peu rassurantes. On parvint à calmer ces sauvages par des déclarations pacifiques accompagnées de présents. On franchit le confluent de la rivière Lalo et on arriva chez les Saké, puis chez les Adouma dont le territoire est couvert de palmiers et de bananiers. Les Adouma ne se contentent pas des ressources que fournit le sol, ils se livrent à la piraterie sur le fleuve et vont avec des flotilles acheter des esclaves chez les Obamba. Ils sont constamment en guerre avec leurs voisins les Obamba et les Batékès; les vainqueurs emmènent les prisonniers qu'ils vendent aux traitants. Les Adouma chassent l'antilope et fabriquent de très belles nattes. « Ils ont pour fétiche une tête humaine empaquetée dans des herbes, de la terre et des feuilles; ils la placent dans une case à l'extrémité du village et lui apportent des provisions; quand les animaux ne les dévorent pas, les enfants en profitent (1). »

Après avoir franchi plusieurs rapides, dont le plus dangereux est celui de Boundji, M. de Brazza parvint à Doumé où il retrouva MM. Marche et Ballay qui avaient fait construire là un village et semer un jardin potager près de la cataracte.

Pendant le séjour que les explorateurs firent dans

(1) M. Marche.

la contrée, la petite vérole éclata au village de Mala et en décima la population. Les indigènes s'enfuyaient saisis de terreur et accusaient les voyageurs d'avoir apporté la maladie dans leurs caisses. Le docteur Ballay soigna les malades avec un rare dévouement; mais il fut bientôt pris d'accès de fièvre intermittente; de son côté M. Marche, dont la santé était fortement ébranlée, dut prendre, le 18 juin, congé de ses compagnons et rentrer en Europe.

M. de Brazza désirait vivement se remettre en route ; mais la difficulté était de trouver des pagayeurs. Il savait que les Obamba ne pouvaient en fournir, et quant aux Adouma, qui allaient autrefois chercher des marchandises jusqu'à la chute de Poubara, l'accès de cette contrée leur était interdit à la suite de brigandages, et ils avaient depuis longtemps cessé de faire ce voyage. Se voyant en présence de difficultés en apparence insurmontables, M. de Brazza paya d'audace et usa de rigueur; il s'opposa énergiquement au départ de la flotte des Adouma qui se préparaient à aller chercher des esclaves chez les Obamba et les menaça d'une déclaration de guerre pour le cas où ils persisteraient à partir. En même temps, il faisait cadeau au grand féticheur d'un fort lot de marchandises, et celui-ci lançait une sorte d'interdiction sur le cours en aval du fleuve. pendant que M. de Brazza offrait une forte prime à ceux qui consentiraient à l'accompagner. Devant ces menaces et ces promesses, les Adouma cédèrent et fournirent au chef de l'expédition treize pirogues. On traversa un village Bakalai et un village Okota et l'on arriva au confluent de la rivière Chibé, reconnue par M. Marche. A partir de ce point, le territoire est tellement morcelé qu'en deux jours les pirogues traversèrent des villages appartenant à cinq tribus différentes; les unes possèdent une île, un coin de terre, les autres tout un district.

Les principales peuplades de ces régions sont les Bakalais qui récoltent le caoutchouc et vendent de l'ivoire, et les Okota qui, chassés de la rive droite par les Ossyéba, vivent dans la misère et n'ont guère d'autre nourriture qu'un fruit sucré et pâteux qu'ils cueillent dans les bois.

Dans l'intervalle, on avait franchi sans encombre la cataracte de Doumé et l'on était arrivé chez les Obamba, puis chez les Bakanigués. Les uns habitent une contrée montueuse et boisée; ils récoltent en abondance l'huile de palme qu'ils vont vendre en amont de la cataracte de Doumé; les autres, qui n'ont pas de fusils pour se défendre, sont souvent pillés par leurs voisins; ils cultivent le sol et nourrissent beaucoup de moutons et de porcs.

A partir du pays des Obamba, les explorateurs n'avancent qu'avec précaution, car le cours du fleuve est barré par des chutes et la navigation devient difficile. Près du confluent de la rivière N'Coni, qui descend du pays des Umbeté, le fleuve se resserre et l'on rencontre des rapides formés de roches plates. Chez les Bakanigués, nouveaux rapides, puis le fleuve redevient calme, mais sinueux jusqu'au confluent du Limboumbi. Bientôt le pays change d'aspect : on avait jusqu'alors voyagé entre deux rives humides et boisées où vivent l'éléphant et le gorille;

désormais, aux collines fertiles succèdent des montagnes sablonneuses coupées de gorges profondes, mais l'air est plus sec, la température plus supportable. Quant à l'Ogowé, il n'est plus qu'un ruisseau qui se divise en deux branches : le Rebagui et la Passa; ces deux rivières, interrompues par des rapides, ne servent plus de voie de communication. La Passa, sur laquelle on poussa une reconnaissance, ne put être remontée que jusqu'à 22 kilomètres de son confluent. Après deux ans d'efforts et de fatigues, les explorateurs étaient forcés de constater que l'Ogowé n'était pas, comme on l'avait pensé, une voie pour pénétrer dans l'intérieur du noir continent. « Nous nous décidâmes, dit M. de « Brazza, à abandonner ce fleuve qui avait si long- « temps trompé nos espérances, et à nous diriger « vers l'est, afin de tenter de soulever le voile sous « lequel se cachait l'immense contrée inconnue qui « nous séparait des régions du haut Nil et du « Tanganika où nous croyions concentrés les efforts « de Stanley et de Cameron. »

En longeant les bandes de bois qui bordent la rivière Passa et en gravissant des collines sablonneuses, on arriva chez les Batékés qui sont de petite taille, mais cultivateurs (1). Ils quittent rarement le village paternel, car les indigènes établis en amont de la cataracte de Doumé ne voyagent jamais en pirogue.

Le pays des Batékés est couvert de bananiers,

(1) Sur une carte d'Afrique, publiée en 1707, Guillaume Delisle signale l'existence de cette peuplade qu'il appelle une nation de nains.

mais l'eau y est rare et le nègre n'y peut vivre qu'en travaillant. Les Batékés sont les maîtres du fleuve à la hauteur de la chute de Poubara. Etablis sur un plateau semé de roches granitiques et creusé de gorges profondes qui borde la rive nord du Congo, ils achètent des marchandises sur ce fleuve et les transportent à dos d'hommes jusqu'à l'endroit où la rivière Liboumbi, affluent du Livingstone, devient navigable.

Cette peuplade énergique et remuante est en guerre continuelle avec les Apfourou. Comme elle n'avait jamais eu de relations avec les Européens, elle vint en armes et avec une attitude hostile au devant des intrépides voyageurs dont l'escorte ne se composait plus que de quinze hommes toujours prêts à les abandonner ou à les piller.

« Un jour, écrit M. de Brazza, le docteur Ballay « étant resté en arrière avec nos porteurs spéciaux, « les Batékés, au nombre de cinquante, jetèrent à un « moment donné leurs fardeaux à terre et nous en« tourèrent en nous menaçant de leurs sagaies. Un « instant de faiblesse eût tout perdu, car ces gens« là n'attendaient que l'occasion de piller les baga« ges ; heureusement la fermeté de notre contenance « les tint en respect. »

Quelques jours après, le chef de l'expédition, qui avait dû envoyer le contre-maître Hamon au devant du docteur Ballay et qui n'avait plus avec lui que trois hommes, comprit à l'attitude des Batékés qu'ils n'attendaient que la nuit pour l'attaquer.

« Après avoir fait, dit M. de Brazza, une sorte de « retranchement de mes bagages, je voulus au

« moins être prêt pour une attaque de nuit, et j'en-
« terrai en avant de la position une caisse de poudre
« à laquelle il serait facile de mettre le feu.

« Cette opération nocturne, entourée de précau-
« tions que réclamait la circonstance, eut un tout
« autre effet que celui que j'avais imaginé. Les Ba-
« tékés, d'abord intrigués de mes allures, puis
« croyant que je me livrais à quelque exorcisme,
« furent tout à coup saisis d'une frayeur supers-
« titieuse. Le mot de fétiche ayant été prononcé,
« tous mes maraudeurs se reculèrent le plus loin
« possible de l'endroit où j'étais et finirent par me
« laisser la paix (1). » Le lendemain, le docteur Ballay rejoignit son compagnon, et cette fois encore l'expédition fut sauvée.

Comme il était impossible de se procurer des porteurs chez les Batékés, aucun d'eux ne voulant franchir l'horizon de son village, et que cependant il fallait transporter les bagages à dos d'hommes et se frayer une route au milieu de populations en guerre continuelle, MM. de Brazza et Ballay eurent recours à un moyen qui leur avait jusqu'alors répugné : ils achetèrent des esclaves qu'ils traitèrent d'ailleurs avec bonté et dont ils utilisèrent les services. Ils leur déclarèrent toutefois qu'ils ne leur rendraient plus une liberté dont ils n'usaient que pour aller retrouver leurs maîtres, et qu'ils feraient partie de l'escorte tant qu'on n'aurait pas trouvé à les remplacer.

Bientôt une autre difficulté surgit : l'eau avait pé-

(1) Communication adressée par M. de Brazza à la Société de géographie de Paris.

nétré dans la caisse, doublée de métal, qui contenait les chaussures de rechange et celles-ci étaient complètement hors de service. Les deux explorateurs durent se résigner à marcher pieds nus, à la manière des sauvages, pendant le reste du voyage, c'est-à-dire pendant sept mois. Couverts de vêtements en lambeaux, les pieds déchirés par les épines et les broussailles, nos deux énergiques compatriotes n'avançaient qu'avec peine. Leur escorte trop peu nombreuse ne pouvait transporter que le tiers des bagages, c'est-à-dire devait faire trois voyages pour un. Ce ne fut qu'au prix d'efforts inouïs et après bien des jours d'une marche pénible qu'ils atteignirent le village d'Obanda, où ils virent se dessiner à l'horizon une nouvelle ligne de partage des eaux.

Ils gravirent cette crête d'environ sept cents mètres et, s'avançant à travers des plaines boisées et marécageuses, ils arrivèrent à la rivière N'Gambo, large d'une vingtaine de mètres et très profonde. On la descendit et on pénétra dans le bassin de l'Alima, rivière large de cent mètres, profonde de cinq en moyenne et navigable. Les indigènes dirent aux voyageurs qu'elle conduit, après six jours de navigation, à une autre grande rivière d'où viennent l'alougou, la poudre et les fusils. Mais M. de Brazza était, au contraire, persuadé que l'Alima, dont les rives sont habitées par des peuples du même nom, à la fois paresseux et lâches, le conduirait à un grand lac intérieur. Ne connaissant pas les découvertes de Stanley, il ne pouvait savoir que le fleuve dont on lui parlait était le Congo. S'il l'avait deviné ou seulement soupçonné, il aurait poussé en avant et « démontré la praticabilité de la voie découverte. » D'autres motifs le firent hésiter : la santé de la plupart des membres de l'expédition laissait beaucoup à désirer ; les marchandises commençaient à manquer. M. de Brazza, après avoir pris l'avis de ses compagnons, qui se prononcèrent à l'unanimité pour le départ, ordonna de marcher en avant.

On avança fort lentement, avec toutes sortes de précautions, au milieu de populations peu bienveillantes et dont quelques-unes mêmes se montraient ouvertement hostiles. Les Apfourou, conquérants établis depuis peu d'années dans la région et adversaires implacables des blancs dont ils redoutent les armes et la concurrence, avaient en particulier donné en diverses circonstances des preuves non équivoques de leur mauvais vouloir. Aussi remuants qu'énergiques, ils ont fondé tout le long de l'Alima des établissements commerciaux où ils vendent de la poudre, des armes, de l'ivoire, du manioc et des tissus. Ils profitent de la supériorité de leurs armes pour rançonner les pauvres Batékés. Ceux-ci, très heureux de « trouver en M. de Brazza un protecteur, ont arboré « avec joie le pavillon français qui les protège au- « jourd'hui contre leurs puissants ennemis. » Dès le premier voyage de M. de Brazza, cette peuplade lui avait exprimé le désir de faire avec lui alliance offensive et défensive contre les Apfourou ; mais la situation contraignait l'explorateur à ménager les plus forts.

Dès son arrivée au premier village Apfourou, M. de Brazza voulut entrer en négociations avec ces sauvages qui prirent la fuite. Un seul, sans doute endormi, était demeuré en retard ; M. de Brazza, pour témoigner de ses intentions bienveillantes, s'assit à quelques pas de lui et garda pendant quelques instants le silence. Le nègre ne bougea pas, mais bientôt, au premier mouvement que fit le voyageur, il disparut. M. de Brazza s'empara de quelques-uns des aliments abandonnés par le fuyard et les remplaça par des objets d'une valeur dix fois supérieure (1). Le bruit de cet acte de générosité se répandit sans doute dans les campements voisins, car les nègres entrèrent en pourparlers; « mais à chacune de mes « offres, dit M. de Brazza, la réponse invariable : « ce « n'est point assez, » m'apprenait que les chefs exer« çaient leur pression sur les propriétaires de piro« gues. Il vint cependant un moment où l'accumula« tion des objets étalés pour l'acquisition des barques « exerça une attraction irrésistible. — On finit par « obtenir huit pirogues et l'on embarqua les ba« gages, l'escorte et les porteurs. Nous étions enchan« tés, écrit M. de Brazza, à la seule idée de faire en « quelques jours plus de chemin que nous n'en avions « fait en trois mois ; mais nous ne tardâmes pas à « voir se dissiper nos illusions. Les Apfourou n'en« tendaient pas que l'on naviguât sur leurs eaux, « surtout avec des marchandises. Les noirs sont, en « effet, les commerçants les plus défiants et les plus « impitoyables que je connaisse. Nous nous enga« gions d'ailleurs dans cette région inhospitalière où « Stanley a dû livrer tant de combats. »

Les Apfourou étaient loin d'avoir renoncé à l'idée de barrer le passage aux explorateurs. Ils avaient au

(1) M. de Brazza.

contraire renvoyé leurs femmes et leurs enfants et s'étaient concentrés dans les campements les plus avantageux pour l'attaque qu'ils méditaient. Le premier village laissa passer la flottille; mais bientôt le cri de guerre des sauvages retentit; leurs pirogues se mirent à la poursuite des blancs et les rives du fleuve se couvrirent d'hommes armés. Les pagayeurs nègres, saisis de terreur, cessèrent de ramer et se couchèrent au fond des pirogues; les hommes de l'escorte durent prendre les avirons. Pendant toute la journée, l'expédition fut attaquée par tous les villages devant lesquels elle passait. Trois hommes de l'équipage furent blessés et la nuit seule (sur laquelle on comptait pour protéger la descente) mit fin à la lutte. Une pirogue envoyée en reconnaissance par les sauvages avait signalé aux villages situés en aval tous les mouvements de la flottille. « La passe « dans laquelle on allait s'engager était formidable- « ment défendue et dominée par de nombreux villages « sur les deux rives. Il aurait été téméraire de s'en- « gager dans une affaire de nuit contre des gens qui « connaissaient la rivière et avaient sans doute pris « toutes les mesures pour barrer le passage. Les pi- « rogues de M. de Brazza allèrent s'adosser à un « banc d'herbes flottantes et attendirent. » Pendant toute cette longue nuit, on entendit le bruit des tam-tam et le cri de guerre des Apfourou qui chantaient que les blancs « étaient de la viande pour leur festin de victoire »; les pirogues glissaient silencieusement sur le fleuve et amenaient de nouveaux combattants.

Au point du jour, les explorateurs furent attaqués par une trentaine de pirogues chargées de noirs armés de fusils. L'ennemi se distribua régulièrement sur les deux ailes, dit M. de Brazza, et ouvrit le feu des deux côtés à la fois ; mais la justesse et la rapidité du tir des Sénégalais eut facilement raison de l'inexpérience de ces sauvages que l'on mit en déroute. Mais on ne possédait plus que quelques cartouches. L'ignorance du pays, la faiblesse de l'escorte, ne permettaient pas de songer à se frayer un passage le long de l'Alima. Il fallut se résigner à tout jeter dans le fleuve, même les collections du docteur Ballay, et à revenir vers le nord par terre. On avait fait près de cent kilomètres sur l'Alima. MM. de Brazza et Ballay ne pensaient point d'ailleurs que cette rivière dût les conduire au Congo ; « ils avaient cru se diriger vers des lacs indiqués au sud du Ouaday. »

Les Apfourou se mirent à la poursuite de l'expédition qui dut, dès les premiers pas, traverser à la lueur de torches de bambou un véritable bourbier où une partie de la petite troupe faillit rester. Ce ne fut que le lendemain, au point du jour, que la colonne atteignit les collines les plus rapprochées. Le même soir, elle entrait sur le territoire des Batékés qui, heureux de l'échec infligé à leurs mortels ennemis les Apfourou, accueillirent avec des transports de joie les explorateurs et leur escorte. Malheureusement la famine régnait dans leur pays et l'eau y était rare. MM. de Brazza et Ballay, pour encourager leurs hommes à supporter courageusement les privations, ne buvaient jamais que quand leurs compagnons étaient désaltérés. Ce ne fut qu'après bien des épreuves et bien des souffrances que nos

M. Marcho.

intrépides compatriotes purent, grâce aux secours fournis par les Batékés, franchir le bassin de l'Alima et s'engager dans celui d'un cours d'eau « plus important et qui compte un grand nombre d'affluents ».

Le premier que l'on traversa fut la rivière Obo, le second le Lebaï N'gouco. Mais les porteurs étaient à bout de forces et les vivres devenaient de plus en plus rares; le chef de l'expédition, ne pouvant nourrir son monde, fut obligé de renvoyer le docteur Ballay et le contre-maître Hamon, avec la plus grande partie de l'escorte, vers l'Ogowé.

Le 19 juillet 1878, il se remit en route; mais à peine avait-il traversé le Lebaï N'gouco, que ses dix porteurs refusèrent de continuer une marche par trop pénible; d'autre part, M. de Brazza ne put décider, ni par prières ni par promesses, aucun indigène à pénétrer sur le territoire des farouches Angkiès, et quelque bonne intention qu'il eut de marcher vers l'est, il lui fallut remonter vers le nord. Après un trajet d'une trentaine de kilomètres dans cette direction, on rencontra la Licona, parallèle à l'Alima et large d'environ cent mètres. Cette rivière, qui est navigable, coule de l'ouest à l'est et reçoit probablement les eaux de toute la région. Sur ces rives habitent les Angkiès, sauvages vêtus à l'européenne. Ils sont braves, bien armés et redoutés de leurs voisins chez lesquels ils vont faire des razzias de femmes et d'enfants qu'ils vendent comme esclaves.

Les Angkiès, qui firent preuve d'ailleurs de dispositions peu rassurantes, parlèrent au voyageur d'une grande eau, large d'une lieue, sur laquelle on pouvait naviguer des mois entiers; mais M. de Brazza ne pouvait songer à vérifier ces assertions : ses jambes étaient couvertes de plaies; ses provisions touchaient à leur fin ; « l'oiseau des pluies avait chanté » ; le pays allait devenir impraticable. L'expédition rebroussa chemin le 11 août, presque trois ans jour pour jour après avoir quitté l'Europe. M. de Brazza rejoignit ses compagnons qui, fatigués comme lui par l'anémie, rongés d'ulcères, remontèrent l'Ogowé de rapide en rapide et rentrèrent au Gabon en novembre 1878. Ils avaient fait en pays inconnu un trajet de 1300 kilomètres, dont 800 à pied ; ils avaient étudié les mœurs des habitants, la faune et la flore d'une riche contrée qu'ils devaient, quelques années plus tard, ouvrir au commerce et à la civilisation.

Second voyage de M. de Brazza. 1880-1882.

Quand, de retour en Europe, M. de Brazza connut les résultats des voyages de Stanley, qui venait de traverser dans toute sa largeur le mystérieux continent et avait parcouru en barque l'immense Congo-Livingstone, il comprit que l'Alima et la Licona, dont il avait constaté la navigabilité, étaient des affluents de droite du grand fleuve. En effet, l'explorateur américain avait affirmé et démontré que le Congo, loin de couler directement vers son embouchure, fait, dans la direction du nord, un vaste détour et dépasse même l'équateur avant de se diriger à l'ouest vers l'Atlantique. Comme M. de Brazza savait d'autre part que de Vivi à Stanley-Pool, c'est-à-dire sur une étendue de 450 kilomètres à vol d'oiseau, le Livingstone, qui coule à travers des gorges profondes, est barré par trente-deux chutes ou cataractes, il résolut de tourner la difficulté et de frayer à la France une route vers le Congo supérieur qui est navigable. S'il réussissait dans son entreprise, il ouvrait à nos bateaux à vapeur, et par conséquent à la civilisation, une voie commerciale de dix à douze mille kilomètres à travers la partie la plus riche et la plus peuplée de l'Afrique intérieure, car le Mpaka, l'Alima et la Licona, affluents de droite, le Sankura, l'Ikelamba et le Kuango, affluents de gauche du Livingstone, forment un immense réseau navigable s'étendant des grands lacs, d'une part, à la côte occidentale et, de l'autre, des rives du Zambèze à la Bénoué et au Wadaï.

L'honneur de diriger et l'espoir de mener à bonne fin une pareille entreprise avaient de quoi tenter notre vaillant compatriote. Pendant que l'illustre explorateur américain, abordant la difficulté de front, prenait, dans les premiers jours de 1879, la route du Congo avec deux vapeurs démontables et les millions que mettaient à son service ses compatriotes et l'Association internationale africaine, M. de Brazza, malgré les soins qu'exigeait une santé affaiblie par les fatigues et les privations, multipliait les démarches pour obtenir une subvention du gouvernement français. Les lenteurs administratives et les retards apportés à la construction des bateaux à vapeur qu'il avait commandés lassèrent son impatience. Il ne pouvait, d'ailleurs, assister impassible à « la lutte entreprise par Stanley contre la nature, et peut-être à son triomphe qui assurerait, à notre détriment, la prépondérance des intérêts dont il était chargé ». Aussi, quand, après une année de repos, le comité français de l'Association internationale africaine lui offrit la mission de fonder dans les bassins de l'Ogowé et du Congo deux stations scientifiques et hospitalières, il l'accepta.

De son côté, le ministre des affaires étrangères, comprenant la nécessité de sauvegarder et d'étendre notre influence dans ces contrées, qui devenaient l'objet des convoitises de toutes les nations, mit à la disposition du jeune voyageur la maigre somme de 10,000 francs. M. de Brazza dut partir seul dans les derniers jours de 1879, et sans avoir pu faire de préparatifs, car il fallait assurer à la France « une priorité de droits et d'occupation sur le point le plus rapproché de l'Atlantique où le Congo intérieur commence à être navigable ». Le docteur Ballay, dont l'énergie et l'activité avaient beaucoup contribué au succès de la première exploration, s'était chargé d'amener au Gabon les vapeurs démontables destinés à naviguer sur l'Alima et le Congo.

La mission de M. de Brazza qui ne devait durer que huit mois se prolongea deux ans par suite d'un retard dans l'arrivée des chefs des stations. Comme l'explorateur ignorait la solution donnée aux démarches entreprises et qu'il ne disposait pas des fonds attribués à l'expédition, il n'hésita pas à prendre sur sa propre fortune pour faire face à des difficultés sans cesse renaissantes.

Parti de Liverpool le 27 décembre 1879, notre énergique compatriote s'occupa, dès son arrivée au Gabon, d'organiser les moyens de transport entre les stations futures et les établissements de la côte. Quand tout fut prêt, il se mit en route et, tout en naviguant sur l'Ogowé, il engagea des négociations avec les peuplades riveraines qu'il décida à renoncer aux divers monopoles de navigation qu'elles s'appropriaient sur certaines parties du fleuve. Jusqu'alors la force faisait loi sur les rives de l'Ogowé. Les traitants sénégalais en particulier y commettaient toutes sortes de violences : l'un plaçait comme trophée devant sa factorerie, au bout d'une perche, la tête d'un Pahouin qu'il avait tué; l'autre arrêtait les équipages des pirogues et les gardait comme esclaves. Le cours du fleuve était divisé en trois zones de populations différentes : Inenga, Caloa, Okanda et Adouma. Comme chacune de ces peuplades prétendait faire sur ses voisins d'énormes bénéfices, plus on avançait, plus les marchandises européennes devenaient rares et chères. Pour remonter jusqu'au confluent de la Passa, il fallait changer trois fois au moins de pagayeurs et de pirogues; de là des ennuis continuels et des dépenses considérables. Aussi, lors de sa première expédition, M. de Brazza avait-il mis près de deux ans pour atteindre le haut Ogowé.

Aujourd'hui, non seulement ces monopoles commerciaux sont brisés, mais on trouve dans les stations françaises des marchandises et des pagayeurs.

Arrivé au mois de juin 1880, sans trop d'encombre, au confluent de la Passa et de l'Ogowé, l'explorateur fonda à Nghimi, dans une contrée « salubre et fertile, habitée par une population dévouée à nos intérêts » la station du haut Ogowé appelée aujourd'hui Franceville. Elle est distante de 815 kilomètres du Gabon et de 120 kilomètres du point où l'Alima devient navigable. Non seulement les Français ont fait là des semis, des plantations ; mais ils y ont construit des maisons, des magasins et une factorerie. Ils ont en outre enseigné aux peuplades voisines à préparer le caoutchouc dont l'exportation s'est considérablement accrue. « Cette station, qui offre désormais un refuge respecté aux noirs qui réussissent à se soustraire à l'esclavage, dispose, à un moment donné, de 1000 à 1500 pagayeurs qui peuvent armer 80 à 100 pirogues, et elle reçoit tous les trois mois de 80 à 100 tonnes de marchandises (1). »

M. de Brazza séjourna quelque temps à Franceville, mais comme le matériel et le chef de station n'arrivaient pas et qu'il n'entendait pas laisser son personnel inactif, il envoya au Gabon l'élève-mécanicien Michaux, avec 765 indigènes Adouma et Okanda qui, pour la première fois, brisant des monopoles séculaires, descendirent le fleuve jusqu'à son embouchure sans rencontrer le moindre obstacle de la part des populations riveraines.

En quittant Franceville, M. de Brazza se proposait de descendre l'Alima sur une chaloupe à vapeur. Celle-ci n'étant pas arrivée, il confia la direction de la nouvelle station au contre-maître Noguez et se dirigea, au commencement de juillet, vers Stanley-Pool ou Ntamo. Au cours de la première expédition, les Oubandji ou Apfourou avaient accueilli les explorateurs à coups de fusil. On pouvait donc craindre que cette peuplade belliqueuse ne persistât à se montrer hostile à toute exploration et à toute entreprise commerciale. Néanmoins, M. de Brazza, qu'aucune difficulté n'arrête, qu'aucun danger n'effraie, résolut de se rendre au milieu de cette tribu pour s'efforcer de la ramener à des dispositions plus conciliantes. La fortune, qui ne sourit qu'aux vaillants, favorisa le projet de notre habile et audacieux

(1) M. de Brazza, lettre à sa mère.

compatriote. « Sur cet itinéraire de 500 kilomètres en pays inconnu jusqu'alors, notre bonne réputation, acquise depuis 1870 dans le haut Ogowé, nous valut partout, dit-il, un excellent accueil des populations Batékés, Achicouyas, Abomas, etc. » Le roi Makoko envoya au-devant de l'explorateur un de ses feudataires pour lui servir de guide dans ses états et appuya de toute son influence les négociations engagées avec les Apfourou. Après d'assez longs pourparlers, ces indigènes, naguère hostiles, signèrent un traité par lequel ils s'engagaient à respecter la future station du Congo ; ils arborèrent même le pavillon français sur leurs pirogues. Si les Apfourou avaient hésité à accepter notre amitié, c'était en haine de Stanley qui, dans sa première expédition, a versé le sang des leurs. Ces naïves peuplades de l'Afrique intérieure croient que tous les Européens sont frères.

M. de Brazza se remit en route vers le Congo. Mais sa marche à travers les états de Makoko fut si pénible qu'il se crut perdu, c'est-à-dire trahi. Aussi, quelle ne fut pas sa joie quand, après une longue journée de marche, il aperçut à onze heures du soir le grand fleuve coulant majestueusement à ses pieds « et formant une immense nappe d'eau dont l'éclat argenté allait se fondre et se perdre à l'horizon dans l'ombre des hautes montagnes. Son cœur de Français battit plus fort, dit-il, et il songea que là allait se décider le sort de sa mission ».

Makoko ayant fait savoir au voyageur qu'il désirait le recevoir ainsi que ses compagnons, chacun « s'astiqua » de son mieux et revêtit ses meilleures loques.

« Nous ne faisions, ma foi, pas trop mauvaise figure, écrit M. de Brazza. Tandis que le Batéké Ossia allait frapper les doubles cloches de la porte du palais pour prévenir de l'achèvement de nos préparatifs, je fis faire la haie à mes hommes qui, suivant l'usage du pays, portaient les armes, le canon incliné vers la terre. » Aussitôt la porte s'ouvrit; et M. de Brazza pénétra avec ses gens dans ce qu'il appelle les Tuileries de Makoko et qui n'était qu'une grande case. De nombreux serviteurs étendirent devant les ballots que l'explorateur offrait en présent des tapis et une peau de tigre, attribut de la royauté. « On apporta un plat de cuivre, de fabrication portugaise, sur lequel Makoko devait poser les pieds; puis un grand dais de couleur rouge ayant été disposé au-dessus du trône, le roi s'avança précédé de son grand féticheur, entouré de ses femmes et de ses principaux officiers. »

« Makoko, dit M. de Brazza, s'étendit sur sa peau de lion, accoudé sur des coussins; ses femmes et ses enfants s'accroupirent à ses côtés. Alors le grand féticheur s'avança vers le roi et se précipita à ses genoux en plaçant ses mains dans les siennes; puis, se relevant, il en fit autant avec moi, assis sur mes ballots en face de Makoko. Le mouvement de génuflexion ayant été imité successivement par les assistants, les présentations étaient accomplies. Elles furent suivies d'un court entretien dont voici le résumé : « *Makoko est heureux de recevoir le fils du grand chef blanc de l'Occident, dont les actes sont ceux d'un homme sage. Il le reçoit en conséquence, et il veut que lorsqu'il quittera ses états, il puisse dire à ceux qui l'ont envoyé que Makoko sait bien recevoir les blancs qui viennent chez lui non en guerriers mais en hommes de paix.* »

M. de Brazza fut pendant vingt-cinq jours l'hôte de Makoko qui lui fit le meilleur accueil. Toutefois, ce prince « qui ne connaissait les blancs que par la traite des noirs », [illegible] explorateur, ou par l'écho des coups de fusils tirés sur le Congo, n'accueillit d'abord qu'avec une certaine défiance les ouvertures de paix et d'alliance qui lui furent faites. « Mais, rassuré par ses entretiens avec notre compatriote, il finit par lui déclarer que, sans redouter la guerre plus que les blancs eux-mêmes ne la craignaient, il préférait la paix (1). » J'ai interrogé, lui dit-il, l'âme de mon quatrième ancêtre, et j'ai résolu d'assurer complètement la paix en devenant l'ami de celui qui m'inspirait confiance.

A la suite de ces entretiens, le roi, désireux de mettre la contrée qu'il gouverne à l'abri des hostilités qui pouvaient de nouveau surgir entre les Européens et les indigènes, signa, le 3 octobre 1880, un important traité par lequel il plaçait ses états sous la protection de la France et nous abandonnait un territoire à notre choix pour l'établissement d'une station hospitalière qui devait nous ouvrir une nouvelle route d'accès dans la contrée. Ce traité est ainsi conçu :

« Au nom de la France et en vertu des droits qui m'ont été conférés, le 10 septembre 1880, par le

(1) M. Guillaume Depping.

roi Makoko, le 3 octobre 1880 j'ai pris possession du territoire qui s'étend entre la rivière Djoué et Impila. En signe de cette prise de possession, j'ai planté le pavillon français à Okila, en présence de Natba, Scianho, Ngaekala, Ngacko, Iuma, Nvoula, chefs vassaux de Makoko et de Ngalième, le représentant officiel de son autorité en cette circonstance. J'ai remis à chacun des chefs qui occupent cette partie de territoire un pavillon français, afin qu'ils l'arborent sur leurs villages, en signe de ma prise de possession au nom de la France. Ces chefs officiellement informés par Ngalième de la décision de Makoko s'inclinent devant son autorité et acceptent le pavillon, et, par leur signe fait ci-dessous, donnent acte de leur adhésion à la cession de territoire faite par Makoko. Le sergent Malamine, avec deux matelots, reste à la garde du pavillon, et est nommé provisoirement chef de la station française de Ncouna. Par l'envoi à Makoko de ce document, fait en triple et revêtu de ma signature et du signe des chefs vassaux, je donne à Makoko acte de ma prise de possession de cette partie de son territoire pour l'établissement d'une station française.

» Fait à Ncouna, dans les États de Makoko, le 3 octobre 1880. »

Suivent la signature de M. de Brazza et celles des chefs indigènes.

Aussitôt le traité paraphé, le roi et les chefs présentèrent à M. de Brazza une boite remplie de terre, et le grand féticheur s'adressa en ces termes à notre compatriote : « Prends cette terre et porte-la au grand chef des blancs; elle lui rappellera que nous lui appartenons ! » M. de Brazza, plantant le pavillon tricolore devant la case de Makoko, répondit : « Voici le signe d'amitié et de protection que je vous laisse. La France est partout où flotte cet emblème de paix et elle sait faire respecter les droits de tous ceux qui s'abritent à son ombre. »

Vingt jours s'étaient à peine écoulés que cette convention fut ratifiée dans un grand palabre où étaient représentées toutes les tribus du bassin occidental du Congo, entre l'équateur et les états de Makoko. Pour mieux sceller l'alliance conclue on procéda à l'enterrement de la guerre. « On fit un grand trou dans le sol et chaque chef vint y déposer un objet rappelant les combats : celui-ci une balle, celui-là une pierre à feu, un troisième une poire à poudre, etc. Dans cette terre où M. de Brazza et ses hommes jetèrent à leur tour des cartouches, on enfonça les racines d'un arbre dont la croissance est active. Puis, quand le tout dut être consolidé, l'un des chefs dit : « Nous enterrons la guerre et nous l'enterrons si profondément que ni nous ni nos enfants ne pourront la déterrer, et l'arbre qui poussera en cet endroit témoignera de l'alliance entre les blancs et les noirs. » — « Et nous aussi, nous enterrons la guerre, dit à son tour le voyageur ; puisse la paix durer tant que cet arbre ne portera pas comme fruits des balles, des cartouches ou de la poudre ! »

« M. de Brazza reçut une poire à poudre vide, comme gage de paix ; en échange, il remit son pavillon ; aussitôt, chaque chef voulut avoir le sien, qu'ils frottèrent contre le premier, et la flottille de pirogues, pavoisée aux couleurs nationales françaises, remonta le cours du fleuve (1). »

Pendant le séjour que M. de Brazza fit chez Makoko, ce dernier exprima à plusieurs reprises le désir de voir les blancs ou Fallas se fixer à Mbé, près de sa résidence, et sous sa protection immédiate ; mais M. de Brazza, qui avait pu constater par la quantité des présents qu'on lui envoyait chaque jour combien sont bienveillantes les dispositons des peuplades pacifiques qui habitent ce plateau aussi sain que fertile, préférait, dans l'intérêt des relations commerciales, s'établir à quelque distance de la demeure royale, sur un point où les transactions avec la côte seraient plus faciles. Il avait, comme on l'a vu par le traité, choisi pour emplacement de la future station Ntamo-Ncouna, situé le long d'une sorte de lac que forme le Congo, au moment où il va s'engager dans les rapides. Dès qu'il eut fait part de ses intentions au grand chef du pays des Batékés, celui-ci lui répondit : Ncouna m'appartient, je te donne d'avance la partie qui te conviendra.

Quant au traité conclu avec Makoko il n'est point, comme l'a prétendu Stanley, « un enfantillage ». Le terrain concédé à M. de Brazza est l'un des mieux cultivés de l'Afrique intérieure. Il égale en étendue le tiers de la France. La population y est plus dense que partout ailleurs ; elle parait disposée à prêter son concours à l'établissement d'une voie ferrée qui ne présente que peu de difficultés, tant les transports sont faciles au moyen d'ânes et de chariots. Non seulement

(1) M. Guillaume Depping, *Journal officiel*, 26 juin 1882.

l'influence de Makoko, qui est surtout religieuse, s'étend jusqu'à l'embouchure de l'Alima et même au delà (1), mais le territoire qu'il nous abandonne, situé sur la rive droite du Congo, entre les rivières Djoué et Impila, immédiatement en amont de la dernière cataracle, est « une position stratégique des plus importantes pour relier le fleuve à l'Atlantique ». Ntamo deviendra d'ici quelques années la base d'opération des bateaux à vapeur lancés sur la grande artère qui, par ses affluents, drainera tout le commerce de l'Afrique intérieure. De cette station, où l'on trouve dès aujourd'hui des armes, des munitions, des magasins et du bétail, on pourrait, s'il était nécessaire, envoyer au secours d'une expédition en détresse une colonne de 100 à 150 indigènes. Enfin, il est facile d'attirer à Ntamo-Ncouna tout le commerce d'ivoire du Congo.

Quelques jours après la signature du traité, les feudataires de Makoko, c'est-à-dire tous ceux qui ont obtenu de lui un collier de cuivre ou le privilège de s'asseoir en public sur une peau de tigre, envoyèrent à l'explorateur une députation pour lui offrir de se placer sous le protectorat de la France. « Nous ne voulons pas, disaient-ils, rester à l'écart de la prospérité que les Fallas amèneront dans la contrée. » M. de Brazza leur ayant répondu que la France ne désirait pas, pour le moment, prendre possession des deux rives du Congo, ils n'en arborèrent pas moins notre pavillon, et quand M. de Brazza,

(1) Les Makokos étaient déjà au XVe siècle des souverains célèbres dont parlent les relations portugaises.

pressé de retourner au Gabon, où il attendait le docteur Ballay, eut confié la garde de la nouvelle station au sergent Malamine et à trois hommes que Makoko offrit d'entretenir à ses frais jusqu'au retour du grand chef blanc, tous ses feudataires des deux rives du lac Ncouna demandèrent à partager avec lui cet honneur et cette responsabilité. Quelques jours avant son départ, le chef de l'expédition ayant annoncé à ces gens, qui avaient lutté en 1877 contre Stanley, que les blancs Fallas établiraient avec eux des relations qui seraient une source de prospérité pour leur pays, ils poussèrent des cris de joie.

M. de Brazza avait donc ramené à des dispositions bienveillantes cette population naguère hostile quand il quitta cette station à laquelle le comité de l'Association internationale, désireux de témoigner à l'intrépide explorateur sa reconnaissance, donna le nom de Brazzaville. Ville est peut-être un peu prétentieux, a-t-on dit, mais Brazza est juste (1).

Le chef de l'expédition descendit seul par le Congo à la côte et fut pendant quelque temps l'hôte de Stanley qu'il rencontra à Mdambi-Mbongo. Il était alors dénué de tout; « son chapeau et ses pauvres souliers criaient famine ». Le voyageur américain lui vint généreusement en aide; M. de Brazza se plaît à le reconnaître dans les lignes suivantes qui témoignent de quels sentiments il était animé. « Le hasard, « dit -il, a réuni un instant deux hommes, deux « antithèses : la rapidité et la lenteur, la hardiesse et « la prudence, la puissance et la faiblesse, mais les

(1) M. Paul Bert.

« extrêmes se touchent; leurs sillons différents « tracés avec la même persévérance convergent au « même but : le progrès. Et ces deux hommes ont « reconnu les dures nécessités de leur tâche: ils se « rendent justice. Votre missionnaire s'honorera « toujours du cordial accueil que lui a fait le plus « intrépide explorateur de l'Afrique. »

Après quelques jours de repos, M. de Brazza continua sa route, car il avait hâte de regagner le Gabon où il ne trouva ni le docteur Ballay, ni l'enseigne de vaisseau Mizon, ni les vapeurs démontables qu'il attendait. Vivement contrarié, il repartit trois jours après pour l'Ogowé, afin de ravitailler Franceville et de maintenir et de consolider sur les tribus voisines du fleuve notre influence menacée. Bien que miné par la dyssenterie, notre intrépide compatriote remonta de nouveau l'Ogowé. Tout alla bien d'abord; mais, parvenu à la cataracte de Doumé, il voulut faire passer ses pirogues au-dessus des rapides; l'une d'entre elles chavira par la maladresse d'un Adouma qui faillit se noyer. Pour le retirer, M. de Brazza dut prendre un bain de plusieurs heures. En outre, son pied gauche s'engagea dans les roches et il se blessa grièvement à la cheville. Afin de prendre un exercice salutaire, il n'en continua pas moins à conduire lui-même sa pirogue; mais cette manœuvre, qui le forçait à se tenir debout à l'arrière, le fatigua et sa blessure se rouvrit. Bientôt la douleur l'empêcha de dormir et il se vit condamné à l'immobilité. D'autre part, la dyssenterie continuait à l'affaiblir. L'acide phénique nécessaire pour soigner sa blessure lui faisant défaut, il eut recours aux remèdes du pays; mais leur effet fut désastreux : la plaie devint spongieuse et il fallut enlever à l'aide de gros ciseaux le morceau de chair attaquée par la médecine indigène. Le malade dut alors envoyer chercher, à deux jours de marche sur le fleuve, de l'acide phénique et du nitrate d'argent. Une fois traitée à l'européenne, la plaie se cicatrisa, et l'intrépide voyageur, qui tient pour rien la fatigue et supporte la douleur avec le même calme qu'il affronte le danger, poursuivant sa course, atteignait Franceville le 6 avril 1881. Il y fut reçu avec enthousiasme : les enfants lui tendaient les bras, les hommes avaient les larmes aux yeux, les femmes venaient lui présenter leurs doléances sur sa blessure. La station était prospère. « Décidément, écrit-il, la civilisation a pris racine à Franceville, car on m'offrit à mon arrivée des tomates, des navets et des haricots verts ». De son côté, il apportait des semences et des replants de caféiers, de vanilliers et d'orangers.

Quelques semaines plus tard, notre infatigable compatriote, parti de Franceville, « explorait presque seul le pays entre l'Ogowé et l'Alima » et fondait sur ce dernier fleuve, au confluent de l'Obia et de la Lékiba, la troisième station qui a pris le nom de poste de l'Alima. Bientôt, réunissant des défricheurs et des terrassiers, il se mit en devoir de créer une route entre l'Alima et le Congo et, quand M. Mizon, qu'il envoyait chercher pour la quatrième fois, arriva, « une voie carrossable de 120 kilomètres, dont 45 avaient été rendus praticables par les soins du chef de l'expédition, était ouverte entre Franceville et le point choisi sur l'Alima pour lancer nos vapeurs. En outre, toutes les populations gagnées par nos bons procédés étaient dans nos intérêts ».

Restait maintenant à trouver une route commerciale entre Ntamo et la côte, c'est-à-dire entre le Congo intérieur navigable et l'Atlantique. Aussitôt que M. Mizon, enseigne de vaisseau, eut pris possession du poste de Franceville, confié à sa garde, M. de Brazza (qui se trouvait alors aux sources méridionales de l'Alima), bien qu'incomplètement rétabli, voulut que son retour ne fût pas inutile à la patrie. Il se dirigea vers les sources du Niari qui, sous le nom de Quillou, se jette dans l'Atlantique, un peu au nord de Loango. Arrivé le 9 mars 1881 sur les bords de ce fleuve dont la source orientale est voisine de la rivière Djoué, il put, en continuant sa route, s'assurer que tout ce bassin est riche en mines de fer, de plomb et de cuivre; à Mboko notamment, ce dernier minerai se ramasse à fleur de terre. L'explorateur constata que, jusqu'à son confluent avec la rivière Lalli, le Niari, jolie rivière de 80 à 90 mètres de large, ne présente aucun obstacle à la navigation. Quant à la population qui habite cette contrée fertile, elle est plus dense que celle de la France. « Ce bassin est séparé de celui du Congo par des montagnes aisément franchissables, mais sur un point seulement. » Ce col est situé à la hauteur du coude formé par le Niari à son confluent avec le Ndouo. Il devenait dès lors évident qu'il fallait renoncer à la route difficilement praticable qu'offre l'Ogowé, et que la voie la plus avantageuse et la plus courte pour relier le Congo intérieur navigable à l'Atlantique se dirigeait presque en ligne droite à l'ouest. Le seul obstacle qu'elle présentait à la construction d'une ligne ferrée consistait dans le passage du col, « entre la vallée de Djoué qui débouche à Brazzaville et celle de Niari, généralement plate et facile, qui débouche à l'Atlantique ». Comme d'autre part l'Alima et l'Ogowé sont reliés par une route carrossable et que le transit est assuré par des porteurs et des bêtes de somme, l'unique effort à faire consiste à jeter hardiment une voie ferrée de Brazzaville à la côte, c'est-à-dire sur une étendue d'environ 350 kilomètres.

Avant de regagner le Gabon, M. de Brazza voulut toutefois s'assurer s'il n'y avait pas, dans la région au nord de Vivi, une bifurcation de la voie qu'il venait de découvrir. Il en fut empêché par les indigènes d'un village Bakamba qui, n'ayant jamais entendu parler de lui,, l'attaquèrent. Sauf ce petit incident, l'infatigable explorateur traversa sans encombre cette contrée habitée par des populations en général stables et bienveillantes, regagna le Congo qu'il descendit jusqu'à Banana où le grand fleuve, large de onze kilomètres, se déroule au milieu d'un paysage merveilleux, de là, il gagna Landana où il fut accueilli à bras ouverts par les commerçants français. Le 7 juin 1882, il arrivait à Paris, porteur du traité conclu avec le roi des Batékés.

Les résultats du second voyage de M. de Brazza sont considérables.

La contrée montagneuse qui entoure notre colonie du Gabon et surtout la ligne de partage des eaux entre l'Ogowé et le Congo ont été reconnues et étudiées; les itinéraires relevés à l'estime ont un développement de 4,000 kilomètres; quantité d'altitudes ont été mesurées; la position de Stanley-Pool a été exactement déterminée; les pierres et les minerais recueillis permettront sans nul doute d'établir une carte géologique de la contrée.

L'explorateur a rapporté de précieux renseignements sur les superstitions, la langue, les mœurs et le caractère des tribus qu'il a visitées.

Il a étudié avec soin la quantité et la qualité des produits indigènes, les voies commerciales existantes ou à créer. Il a fondé trois stations hospitalières.

Il a ajouté à ses précédentes conquêtes celle d'un territoire aussi étendu que le tiers de la France.

Il a brisé les monopoles commerciaux que s'arrogaient les diverses tribus établies le long de l'Ogowé. Il a enfin aboli la traite des esclaves dans tout le bassin de l'Ogowé, en montrant aux populations que le commerce licite leur offrirait des avantages plus sûrs et plus considérables que la vente des captifs. Aussi, non seulement les opprimés sont venus chercher la liberté à l'abri de notre pavillon, mais le grand chef blanc, *le père des esclaves* « peut maintenant exprimer un désir, des milliers d'indigènes sont prêts à le suivre ».

« Au début, dit M. de Brazza, j'ai dû racheter des hommes à prix d'argent et fort cher, selon le cours, trois ou quatre cents francs. Je leur disais quand ils étaient à moi, bûche aux pieds et fourche au cou: « Toi, de quel pays es-tu? — Je suis de l'intérieur. — Veux-tu rester avec moi ou retourner dans ton pays? » Je leur faisais toucher le drapeau français que j'avais hissé. Je leur disais : « Va maintenant, tu es libre. » Ceux de ces hommes qui sont retournés, je les ai trouvés dans l'intérieur. Il m'ont permis de remonter jusqu'au centre, là où il m'était possible de libérer un esclave au prix de quelques colliers qui valaient bien en tout dix centimes. Il était constaté que tout esclave qui touchait le drapeau français était libre.... ma réputation allait devant moi, m'ouvrant les routes et les cœurs. »

Il en fut de même en France quand, à la fin de septembre 1882, M. de Brazza, après une absence de deux ans, revint porteur du traité conclu avec Makoko. L'opinion publique si souvent défiante l'accueillit avec enthousiasme, et les journaux de toutes nuances louèrent à l'envi le courage et le patriotisme de l'illustre explorateur qui, n'ayant pour toute ressource que cent mille francs votés par les Chambres, pour toute escorte qu'un seul blanc et dix tirailleurs sénégalais, s'était résolument lancé à travers l'inconnu et avait planté le drapeau de la France sur les rives du Congo.

La ratification du traité ne pouvait provoquer aucune susceptibilité de la part des autres nations. La contrée que M. de Brazza venait de parcourir était absolument nouvelle; aucun blanc n'avait foulé les rives de l'Ogowé et du Congo intérieur, par-conséquent personne n'était en droit d'élever sur elles la moindre prétention. Nous étions les premiers occupants. Il n'y avait aucun conflit à redouter avec les indigènes. Pour nous ouvrir le plus vaste débouché qui fût encore disponible, il n'était besoin ni d'exposer beaucoup d'hommes ni d'aventurer des sommes considérables. Aussi M. Duclerc, alors président du conseil des ministres, n'eut-il qu'à appeler l'attention du Parlement « sur la nécessité de ne pas laisser perdre les fruits de la généreuse et persévérante initiative de notre compatriote et sur les heureuses conséquences qu'on est en droit d'attendre des relations confiantes qu'il s'agit de nouer avec cette partie de l'Afrique », pour obtenir, sans discussion et à une énorme majorité, la ratification du traité conclu à Ncouna avec les chefs d'un groupe important de populations.

Le séjour que M. de Brazza fit à Paris fut une continuelle ovation. La foule se prit d'admiration pour ce Romain qui a servi la France aux jours du danger. M. de Brazza joint d'ailleurs aux qualités morales les dehors qui concilient la sympathie. Il paraît âgé d'une trentaine d'années. Il est de haute taille; sa barbe et ses cheveux sont noirs; son teint halé. Des yeux perçants illuminent son visage maigre et ovale. Le geste, les traits, tout en lui respire l'énergie. Le 18 octobre, l'Union des chambres syndicales lui offrit un punch. Répondant aux félicitations qu'on lui adressait et aux éloges que l'on faisait de sa courageuse initiative, il déclara modestement qu'il n'avait rien innové: « J'ai repris, dit-il, l'œuvre de mes devanciers, précisément au point où ils étaient restés. » Il ne se montra pas moins soucieux de rendre justice à chacun de ses collaborateurs. Parlant du sergent Malamine, « il est, dit-il, au poste où je l'ai laissé. Quand je le quittai, je lui dis ces seuls mots : « Je ne puis te donner ni argent « ni ressources; tu as tes hommes, tes mains, tes

« armes, débrouille-toi comme tu pourras, mais « n'abandonne pas ton poste. »

M. de Brazza, continuant son discours, montra ensuite quel intérêt il y a pour la France à profiter de l'immense débouché que nous ouvre l'Afrique équatoriale, libre de toute concurrence anglaise. « Partout ailleurs, ajouta-t-il, cette influence rivale « nous barre le chemin; partout, au Soudan au « nord-ouest, à l'ouest en Gambie, au sud au cap « de Bonne-Espérance, à l'île Maurice, flotte le « pavillon britannique de plus en plus envahissant. « Ici, personne ne nous coupe la route. Mais, s'est « écrié M. de Brazza, à supposer que cette côte fût « dénuée de tout, stérile, montagneuse, elle vaudrait « encore que l'on dépensât, pour en être les maîtres, « tous les efforts. En effet, il se trouve que de cette « côte à la partie navigable du Congo, partie navi- « gable que je crois pouvoir évaluer à un cours de « 8 à 10,000 kilomètres, il y a une distance de « 300 ou 400 kilomètres, et quand une voie ferrée « demanderait, pour joindre la côte au point de « jonction des grandes routes du centre, une dépense « d'un million par kilomètre, elle vaudrait qu'on « fît ce sacrifice. Car cette voie serait l'aboutisse- « ment forcé, l'embouchure naturelle de tous les « chemins importants qui divergent dans l'Afrique « centrale. Elle canaliserait tous les transports, « centraliserait toutes les communications. »

M. de Brazza a déclaré qu'il comptait beaucoup, sans doute, sur le gouvernement, « sans quoi ce serait à désespérer de l'avenir, » mais aussi sur le concours des entreprises particulières. Puis, s'adressant aux négociants qui l'entouraient : « Actuelle- « ment, a-t-il dit, ma tâche est terminée. La vôtre « commence. Mais le jour où il faudra un homme à « l'action, je serai là. »

La Société historique a tenu aussi à recevoir M. de Brazza, et une voix autorisée, celle de M. Henri Martin, a félicité « le jeune et héroïque voyageur qui nous revenait du fond de l'Afrique obscure, champ désormais ouvert à la civilisation et à la France ». L'auditoire a éclaté en applaudissements unanimes quand l'illustre historien, en terminant son discours, a souhaité la bienvenue « au courageux pionnier qui continue l'histoire coloniale de la France ».

M. de Brazza a pris ensuite la parole. Il a touché ses auditeurs par sa modestie et sa franchise. « Votre président, s'est-il écrié, vous a dit que j'avais « ouvert un chapitre nouveau de l'histoire coloniale. « La vérité est que je n'en ai écrit qu'une ligne, « la première, la plus modeste. J'ai fondé sur le « Congo une station scientifique et hospitalière ; « seulement, la science y est représentée jusqu'à « présent par un sergent mulâtre qui sait à peine « lire et l'hospitalité par une petite case. Mais au- « dessus flotte le pavillon de la France qui est la « patrie de la science et des idées généreuses. Le « germe que j'ai semé peut grandir.... si les débuts « sont humbles, l'œuvre est grande. Nous avons là « tout un pays nouveau où la France trouvera un « grand débouché, non seulement pour son com- « merce et son industrie, mais aussi pour ses en- « fants qui peuvent y créer, avec un grand empire

« colonial, une belle œuvre dont profiteront égale-
« ment la science et l'humanité. »

A son tour, le conseil municipal de Paris a reçu M. de Brazza au pavillon de Flore, le 30 novembre, et M. de Bouteiller, parlant au nom de ses collègues, s'est adressé en ces termes à l'explorateur : « Aujourd'hui, Paris salue en vous le savant et le brave, mais aussi le Français. Au lieu de river des fers, vous en avez brisé. Entre vos mains, le drapeau tricolore a été pour les peuples de l'Afrique équatoriale un signe d'affranchissement social. Seul avec quelques intrépides compagnons, sans armée, sans trésor, n'ayant que votre foi et votre résolution, vous avez planté le drapeau de la France dans un pays où elle était absolument inconnue, où son nom n'avait jamais été prononcé. »

M. de Brazza a répondu : « J'ai combattu avec quelque succès l'esclavage et réussi à briser les monopoles qui entravent les échanges et préparé dans le bassin du Congo notre influence pacifique... Moi parti, que vos unanimes sympathies nous accompagnent, et dans peu de temps, je l'espère, vous applaudirez au succès de notre entreprise sur cette vieille terre africaine, rajeunie au souffle vivifiant des idées qui, de Paris, « auront une fois de plus éclairé le monde. »

Le commerce, la faune, et la flore des bassins du Gabon, de l'Ogowé et du Congo.

La région du Gabon, de l'Ogowé et du Congo qui semble appelée à un grand avenir commercial, est jusqu'à présent peu prospère. Le commerce du Gabon atteint à peine trois millions de francs. Les causes qui ont retardé son développement sont : le petit nombre de factoreries établies sur la côte et la paresse des noirs qui ne cultivent que les produits indispensables à leur nourriture, c'est-à-dire les bananes et le manioc. Aussi n'ont-ils à offrir que peu d'objets d'échange. Les plus doux et les plus intelligents d'entre eux, comme les Gabonais, se contentent volontiers du rôle de pagayeurs et de domestiques; ceux de l'intérieur, plus sauvages, trouvent plus commode de vendre pour de la verroterie valant dix ou vingt centimes leurs voisins qu'ils ont surpris et enchaînés, que de se livrer à un travail rémunérateur. Quelques-unes de ces peuplades sont anthropophages comme les Ossyéba et les Apfourou. Les plus civilisées d'entre elles se bornent à réduire leurs ennemis en esclavage. On a vu chez les Adouma un père vendre son fils, un mari sa femme, pour acheter des fusils. Ici, comme dans toute l'Afrique occidentale, il faut commencer par abolir la traite, c'est-à-dire le moyen d'acquérir sans rien faire, et insensiblement le noir, comprenant quelles ressources il peut se procurer par le travail, deviendra laborieux.

Non seulement, pour les motifs exposés plus haut, le commerce qui se fait en pirogues par le Gabon et l'Ogowé ne jouit pas d'une sécurité suffisante, mais encore les Européens établis dans les factoreries ne dorment que le revolver sous l'oreiller. Enfin la plupart des indigènes, que l'on est contraint d'employer comme intermédiaires, ne méritent aucune confiance. Généralement, un nègre au service d'un blanc le prie de lui confier des marchandises en lui promettant qu'il lui rapportera en échange de l'ivoire et du caoutchouc. Le négociant européen fait les avances demandées. Le nègre rapporte la première et parfois même la seconde fois de quoi solder son compte; mais, souvent dès le second, toujours dès le troisième voyage, il déclare qu'il ne peut s'acquitter, que ses vendeurs ordinaires lui ont fait des promesses qu'ils ne tiennent pas. Le blanc confie de nouveau à son commissionnaire des étoffes, des fusils, du rhum, jusqu'à ce qu'enfin, fatigué d'être la dupe de ce filou, il le renvoie. Celui-ci va recommencer le même manège près d'un autre traitant. En général, les choses se passent de la façon suivante : aussitôt arrivé sur le lieu de la traite, le jack-jack choisit pour lui, sa femme et les siens les pagnes et les colliers qui lui conviennent, se procure un cabri et fait bombance avec ses amis; il achète ensuite avec ce qui reste des produits pour son patron (1).

Ajoutons encore que, depuis quelques années, les indigènes du Gabon ont contracté des habitudes de bien-être et sont devenus très exigeants. Il faut, dit M. Valker, leur offrir en échange de leurs marchandises des bijoux, des orgues, du tabac, de la bière, du beurre et même du champagne.

Le commerce le plus rémunérateur est celui du caoutchouc. Le Gabon en expédie 400 tonnes. Il découle d'une vigne vierge, de taille gigantesque (landolphia), que l'on rencontre jusqu'à une distance de plus de deux cents milles de la côte dans les forêts de l'Afrique occidentale. Il est également abondant sur le haut Ogowé où il n'est pas exploité. Au Gabon, on le récolte ordinairement dans un vase en feuilles. Il diffère de qualité selon la manière dont il est recueilli. De plus, les indigènes le falsifient en y mêlant le suc d'autres lianes, et l'on est obligé de couper les noix qu'ils apportent pour s'assurer qu'elles ne contiennent pas des cailloux. Enfin les nègres, qui sont fort imprévoyants, mangent, comme on dit, leur blé en herbe, car ils coupent les lianes qui produisent le caoutchouc.

L'ivoire vient surtout de la région de l'Ogowé supérieur et du Congo. Sur les rives du Gabon, ce genre de commerce est en déclin. Les noirs, qui sont cependant beaucoup mieux armés qu'autrefois, trouvent plus commode de récolter le caoutchouc que d'attaquer l'éléphant; ils laissent ce soin aux

(1) M. Marche.

plus entreprenants d'entre eux. Les difficultés du transport qui se fait à dos d'homme et la concurrence ont amené une hausse sensible sur le prix de cet article, qui se vend deux tiers moins cher chez les indigènes qu'aux factoreries. Les plus beaux spécimens se tirent du Fernand Vaz, de la rivière Como et de la rivière Sebé. Mais si le commerce de l'ivoire est en décadence au Gabon il a, depuis les voyages de MM. Marche et de Brazza, pris quelque extension sur les rives de l'Ogowé. Il promet même de beaux bénéfices, car une dent de soixante kilos, qui ne se vend sur le fleuve que 40 à 50 francs, se paie en Europe 30 francs le kilo (1). Les éléphants sont nombreux dans les forêts qui bordent la Licona et l'ivoire s'y achète à bas prix. On pourrait également en tirer des quantités considérables de chez les Abangos qui habitent le voisinage de l'Alima. Malheureusement les communications avec la côte sont difficiles, car les noirs de cette région ont à faire, pour arriver aux factoreries, un voyage de dix-huit jours, pendant lequel leurs pirogues chavirent souvent à la suite des orages.

Le bois rouge ou de campêche qui se paie neuf centimes la bûche, ceux d'ébène et de sandal qui se vendent de 15 à 18 francs la tonne, l'écorce de palétuvier, la gomme copal qui vient de la Como et du cap Lopez, mais aussi des bords de l'Ogowé où elle est si commune que des blocs énormes s'échangent contre quelques grains de sel, la cire, les arachides, l'huile de pistache et l'huile de palme,

(1) M. de Brazza.

l'écaille de tortue, sont aussi l'objet de transactions d'une certaine importance.

On trouve également au Gabon le djavé et le noungou qui fournissent : le premier une huile, le second une graisse aussi ferme que blanche, l'okoume qui secrète une résine abondante. On commence à y planter l'eucalyptus pour assainir le pays.

La culture du palmier à huile pourrait donner de beaux bénéfices, mais comme la chaleur humide et accablante de la zone équatoriale interdit tout travail à l'Européen, il faudrait, comme on le fait sur les rives du Congo, engager des Kroumens « pour débroussailler en ne laissant debout que les sujets jeunes et vigoureux ». La dépense serait peu considérable, car ces nègres, qui sont relativement laborieux, se contentent de la nourriture et de trois cents perles par semaine.

La flore du bassin de l'Ogowé se rapproche beaucoup de celle du Gabon. On rencontre dans la région explorée par MM. Marche et de Brazza, outre les productions déjà citées, le manioc dont les indigènes mangent la feuille broyée ou cuite, la patate, la banane, l'ananas, les graines oléagineuses, le chanvre indien, le tabac que les nègres préparent mal. Sur bien des points, le travail du noir ne consiste guère qu'à abattre les forêts, à mettre le feu aux arbres et à semer du manioc sur les terrains ainsi défrichés. On vit sur la communauté et tout le village va puiser au grenier d'abondance (1). Mais dans plusieurs

(1) Docteur Ballay.

Stanley.

tribus, l'agriculture est assez avancée et dénote un certain degré de civilisation.

Les territoires arrosés sont d'une fertilité extraordinaire. La crue des fleuves cesse en janvier et la végétation, qui commence vers le milieu de septembre, étale bientôt ses luxuriantes richesses. On pourrait, dans tout le bas Ogowé, faire une abondante récolte de riz. Les cultures du coton, du café et des graines oléagineuses ont été essayées avec succès, mais n'ont pris aucun développement à cause de la paresse des nègres qui, dans la plupart des tribus, se contentent pour toute nourriture de manioc et de poisson séché. La canne à sucre, qui pousse presque partout sans culture, donnerait sans trop d'efforts une eau-de-vie recherchée des indigènes. Le cacao promet de bons rendements et la maison Verman de Hambourg a fait, le long de l'Ogowé, d'importantes plantations de café. Le poivre, le makéta ou gingembre doré poussent au Gabon comme sur les rives de l'Ogowé, mais sont peu cultivés. Le muscadier, aux feuilles aromatiques et aux fruits charnus, est désormais acclimaté dans cette région; le vanillier y balance sa tige élégante à côté de celle du cocotier, de l'ébénier, du fromager et du gommier. L'arbre d'où découle le caoutchouc, l'inée, plante grimpante qui fournit le suc dont les Pahouins empoisonnent leurs flèches, l'arbre à suif, l'arbre à résine, le *ditra*, qui contient 60 pour cent d'une graisse semblable au beurre de cacao, le palmier, qui donne le vin de palme, constituent la flore de cette contrée privilégiée.

Si les fruits récoltés dans le bassin de l'Ogowé

sont de qualité médiocre; si le bananier ne croît plus dans la région sablonneuse qui s'étend du haut Ogowé au Congo, en revanche les bords de la Licona sont couverts d'une riche végétation et les riverains de l'Alima cultivent le mil, le maïs et le manioc, tandis que les Batékés se nourrissent d'ignames et de patates. De leur côté, les Adziana, qui tirent bon parti d'un territoire fertile, récoltent des pistaches, des fèves et du tabac.

Presque partout croît le palmier rotang, employé pour la construction des maisons. Les bois de charpente et d'ébénisterie sont aussi communs dans la contrée que la pierre à chaux. La feuille du pandanus sert à confectionner des nattes assez élégantes, le coton à faire des filets et des sacs. Certaines peuplades se font des pagnes avec les fibres de l'ananas, d'autres, comme les M'baïti, se tissent des vêtements avec des herbes sèches.

Quant au commerce il pourrait prendre, dans cette région, des développements considérables : la noix de palme y est dédaignée; la gomme copal est très abondante sur le haut Alima; l'ivoire et le caoutchouc y donnent un bénéfice de mille pour cent.

Si les sujets du feu roi Denis réussissent seuls à élever des bœufs, presque toutes les tribus, en particulier celles des Boulous et des Bakalais, nourrissent des cabris et des moutons dont la viande est, il est vrai, inférieure à celle des nôtres. La volaille est commune et à bas prix ; enfin, la plupart des légumes d'Europe peuvent s'acclimater au Gabon et le long de l'Ogowé.

La faune, beaucoup moins riche que la flore, ne

comprend guère que les éléphants, les hippopotames, les lions, les sangliers, les lamantins, les antilopes, les singes, qui sont extrêmement nombreux, et les fourmis, un des fléaux de la région. Le gibier à plumes est représenté par les ramiers, les tourterelles, les canards sauvages et les martins-pêcheurs.

La houille et le fer ne manquent ni au Gabon ni dans le bassin de l'Ogowé. Les Bakalais sont même d'adroits forgerons. Le minerai de cuivre est commun dans les possessions portugaises et se ramasse à fleur de terre dans le voisinage de M'boko, non loin de l'Atlantique, sur un territoire qui appartient à la France.

Si à tous ces éléments de prospérité on ajoute ceux que fournirait le bassin du Congo et de ses affluents, on comprendra quels riches débouchés pourrait ouvrir au commerce français la route intrépidement parcourue par MM. Marche et de Brazza au milieu de ce pays qui, il y a dix ans, était en blanc sur la carte du globe.

En effet, sur les rives du Livingstone la végétation est presque partout magnifique. Les champs sont riches en toutes sortes de belles productions; les plantes alimentaires y croissent sous une multitude de formes : les oranges, les citrons, les bananes, dont les meilleures sont celles dites bananes d'argent, les advocas, fruit vert et mou d'un goût assez fade, le maïs grillé, offrent aux indigènes et aux traitants une nourriture abondante et peu coûteuse. Les moutons, les poules et le poisson, que les nègres harponnent, sont communs.

Le docteur Chavannes, membre de la mission Brazza,

écrit que, dans deux excursions qu'il a faites aux environs de Boma, il a rencontré une terre végétale naturellement propre à tout ce que l'agriculture pourrait lui demander. On ne peut s'imaginer, ajoute-t-il, un terrain plus favorable à la culture du café que le plateau d'Hélélé. Il conseille enfin aux Européens qui voudraient s'établir au Congo de n'acquérir aux environs des stations que des terrains plus ou moins défrichés et de s'y adonner à la culture du café, du coton et de la canne à sucre.

Les vignes transplantées des Canaries et de Madère donnent, sur les rives du Congo, un vin délicieux. La canne à sucre y atteint un développement prodigieux; le café, que l'on récolte dans presque toute la région, trouve de nombreux acheteurs sur les marchés d'Europe; l'orseille, le sésame, l'arachide, le tabac, la gomme, que l'on vend sous formes de boules noires ou blanches, la cire, l'huile de palme, y sont l'objet de transactions déjà importantes. Les plus belles défenses d'éléphant du monde se tirent du sud du Congo et s'échangent, avec d'énormes bénéfices, contre des fusils à pierre, de la poudre, du rhum, des verroteries, des couteaux, des hachettes, des baguettes de laiton et même contre des assiettes fendues et des bouteilles vides. Il est vrai que si l'on en croit le consul anglais de Loanda, les goûts des indigènes varient d'une saison à l'autre: telles étoffes, celles de Manchester et de Birmingham en particulier, recherchées quelques mois auparavant, deviennent tout à coup et sans motif apparent à peu près invendables. Au sud du Congo, les traitants qui étaient jadis d'humeur fort accommodante recherchent aujourd'hui la qualité beaucoup plus que la quantité des marchandises.

Les forêts de l'ouest africain abondent en essences rares ou précieuses : cactus, palmiers, cèdres, bois de santal, écorce de boabab dont les Anglais font du papier de bonne qualité.

Cette riche et vaste contrée, qui renferme peut-être quatre-vingt millions d'habitants, n'attend que des initiateurs pour entrer dans les voies de la civilisation. Les résultats obtenus par l'Association africaine, dit le colonel Goldsmith qui a récemment inspecté ses comptoirs, sont considérables et pleins de promesses pour l'avenir. Dans une conférence faite à Manchester, Stanley a également donné d'intéressants détails sur les richesses de la région du Congo. D'après lui, le territoire occupé par l'Association mesure 1350 milles de long sur 20 à 450 milles de large. Elle peut, en outre, exercer son influence sur un territoire de 23,000 milles carrés nourrissant une population immense.

Bien qu'il n'existe aucune statistique, on estime que le mouvement commercial dans le bas Congo, c'est-à-dire dans les territoires que l'Angleterre concédait du Portugal, s'élève annuellement à environ cent millions de francs.

Grâce aux durables sympathies que nous a acquises notre illustre compatriote M. de Brazza, nous pouvons dès aujourd'hui nous établir au milieu de cette fertile contrée riche en ivoire, en caoutchouc, en bois rouge, et ouvrir à la France une voie féconde pour son commerce et son influence au milieu de populations que l'islamisme n'a point fanatisées.

Cette terre, couverte de fleurs et de fruits, renferme d'immenses richesses; les bras pour les exploiter sont suffisamment nombreux, mais les maisons de commerce et les capitaux sont rares. Nos jeunes compatriotes reculeront-ils devant la chaleur et les moustiques que les Portugais, les Anglais et les Allemands affrontent sans sourciller?

Les voies commerciales vers le Congo.

Bien que navigable sur une étendue de 450 kilomètres environ, l'Ogowé ne peut être considéré comme une voie commode pour conduire au Congo moyen. Le climat débilitant de la région voisine de la côte, plus encore que les rapides qui barrent son cours, nous paraissent des obstacles insurmontables.

Ce fleuve, qui se jette dans l'Atlantique à 170 kilomètres au sud de notre établissement du Gabon, entre Sangatanga et le cap Sainte-Catherine, forme un immense delta coupé d'arroyos et de lacs étendus et profonds. Ses rives sont basses, bordées de palétuviers, de pandanus et de bambous; là, vivent l'éléphant et le gorille; les fièvres et la dyssenterie désolent cette région. En effet, les matières végétales entrent vite en décomposition sous le soleil ardent de l'équateur. Les vents sont violents et les orages formidables. Des crues qui surviennent en octobre et en mars submergent les forêts et les plaines couvertes de roseaux; souvent des portions de prairies sont emportées par le courant. Les indigènes se réfugient sur les hauteurs et s'en vont en canot repêcher leurs poules et leurs ustensiles de ménage. Pendant la saison sèche, tantôt le fleuve coule majestueux entre deux rives de verdure, comme au sortir du lac Azingo, tantôt il s'étend sur une large nappe de sables mobiles et ses eaux sont si basses qu'il faut faire quelques lacets pour rester dans le chenal. Toutefois, la navigation est relativement facile dans tout le bas Ogowé, et les lacs Zouangé, Azingo, Avanga, Mpindi, reconnus par MM. Marche et de Compiègne, doublent en le prolongeant le cours du fleuve. Le lac Azingo en particulier, dont les contours semblent dessinés pour le plaisir des yeux, présente un grand nombre de petites baies et, pendant la saison des pluies, il est accessible aux bâtiments du plus fort tonnage. En outre, quelques-uns des affluents du fleuve principal peuvent servir de voie d'accès dans la contrée. Si le N'kono, l'Ivindo, le Lolo, le Sebé, n'ont pas été explorés, on sait que le Rembo est navigable sur 100 kilomètres et que le N'gounié peut être remonté pendant soixante milles.

Quant à l'Ogowé, de l'extrémité de son delta à Orongo, point le plus rapproché du Gabon, il forme trois coudes dont le second est le plus prononcé. Il prend d'abord la direction du nord-ouest. Quand on le remonte en bateau, après une halte à Sam Quita, où l'on rencontre les dernières factoreries européennes, on atteint sans trop d'efforts le village d'Adeké où commencent les rapides. Le fleuve coule alors à l'est jusqu'à l'embouchure de la rivière Ivindo. Il présente jusqu'à Tela Gogué l'aspect d'une vaste nappe d'eau entrecoupée de bancs de sable; ses rives sont boisées et bordées de marécages. Ce n'est point sans de grandes précautions que l'on franchit les Roches Fétiches qui s'élèvent à trois ou quatre cents mètres en forme de cône et le village de Coumba où le fleuve se resserre et « se précipite par des chenaux étroits et se brise avec violence sur les rochers répandus dans son lit ». A partir de ce point l'Ogowé, calme et peu rapide, coule en plaine et atteint parfois une largeur de 1,000 à 1,200 mètres; on y rencontre quelques îlots bas et boisés; ses rives sont bordées de palmiers à huile, de cotonniers ou d'épaisses forêts. On franchit ensuite les rapides d'Elancha en évitant, comme partout ailleurs, de s'engager dans le courant où, surtout à la descente, la moindre fausse manœuvre précipiterait la pirogue sur les rochers; on passe la Porte de l'Okanda où le fleuve, resserré entre des collines abruptes, n'a guère que cent-vingt mètres de large, et l'on atteint Lopé, village et marché important du pays des Okanda.

Jusque-là l'Ogowé est à peu près navigable; mais à partir de ce point, il est entrecoupé de rapides dont les principaux sont ceux de Boué où des collines descendent à pic dans le lit du fleuve,et de Doumé, sorte de barrage naturel qui forme un immense remous. Au delà de cette dernière cataracte, l'Ogowé devient sinueux et la navigation ne présente que peu de difficultés jusqu'aux chutes de Poubara, chez les Aumbos. Là recommencent les rapides; aussi n'aperçoit-on plus que de rares pirogues qui servent uniquement à passer d'une rive à l'autre.

Un peu au-dessous des chutes de Poubara, le fleuve se divise en deux branches : le Rebagin et la Passa, qui n'ont guère que vingt mètres de large et dont le cours est interrompu par des rapides infranchissables.

En résumé, le bas Ogowé, navigable pour un navire, offre aux bateaux plats un parcours facile de 350 kilomètres; le reste du fleuve, environ 100 kilomètres, de Doumé au confluent de la Passa, peut être remonté par des pirogues de deux tonneaux, montées par vingt-cinq hommes. De Franceville, située sur la Passa, on atteint en quatre jours de voyage l'Alima, affluent navigable du Congo intérieur (1). La contrée qui sépare ces deux versants est un plateau d'environ 800 mètres de hauteur. Il est aussi sain que fertile, et les Batékés qui l'habitent sont doux et laborieux ; ils récoltent en abondance le maïs, le manioc, l'arachide et recherchent les marchandises européennes. D'autre part, le pays est découvert et, sur ce terrain sablonneux, la construction d'une route qui permettrait de transporter sur l'Alima, soit des canots démontables, soit des marchandises, n'offre aucune difficulté, car on a sous la main les vivres, les chars et le personnel nécessaire.

Les travaux à entreprendre consisteraient en deux voies, l'une de 5 à 6 kilomètres à travers une forêt, l'autre d'environ 500 mètres et en cinq tronçons de route de même étendue. Il faudrait aussi jeter un pont sur la rivière Koni, large de vingt-cinq mètres.

On voit que si l'Ogowé n'est pas une route directe vers l'intérieur, il en est indirectement une, comme

(1) La distance à parcourir est d'environ 120 kilomètres.

l'a dit M. de Brazza, puisqu'il ouvre le Congo intérieur et acquiert par là une importance capitale.

La découverte de cette voie commerciale vers l'Afrique centrale n'a pas peu contribué à exciter contre notre hardi compatriote l'animosité de Stanley qui prétend mener à bonne fin « à coups de millions » un travail de Titans. Il veut frayer à l'Association internationale, c'est-à-dire aux Belges, aux Allemands et aux Anglais, une route latérale au Congo. Comme les vapeurs ne peuvent remonter le fleuve que jusqu'à Vivi, l'intrépide Américain a entrepris la construction d'une voie carrossable de Vivi à N'tamo, c'est-à-dire sur un espace de 300 kilomètres. « Tiré par deux cents hommes et avec le secours de cabestans, chacun des lourds chariots employés au transport pourra surmonter péniblement les accidents du terrain, mais aucun autre char ne fera sur cette route des voyages réguliers. » Fort heureusement pour nous l'œuvre gigantesque rêvée par Stanley restera longtemps inachevée à cause des difficultés qu'éprouve le vaillant explorateur dans un pays aussi accidenté. Les vivres font défaut; on ne rencontre le long de la voie projetée que de l'herbe sèche et des rochers; la population est presque nulle et souvent inhospitalière. Tandis qu'entre l'Alima et la Passa, il est facile de se procurer des pagayeurs, des ouvriers et des porteurs indigènes, sur le Congo, le travail est fait par des Zanzibarites qui prennent la fuite au moindre prétexte. Aussi l'escalier de Stanley, « qui ne saurait répondre aux besoins d'un transit de premier ordre (1) », sera-t-il pendant de longues années impraticable, car, malgré son énergie, ce Yankee entreprenant n'a pu livrer jusqu'ici à la circulation que 60 à 70 kilomètres sur 300.

La voie commerciale des vallées du Niari et du Djoué découverte par M. de Brazza, lors de son second voyage, semble donc préférable à celle du Congo ou de l'Ogowé. D'abord elle est plus courte de moitié; elle est en outre plus facile, car M. Dolisie, qui vient de la parcourir, affirme que le Niari est navigable dans son cours moyen et en partie dans son cours supérieur; elle ne traverse pas une quantité de petits royaumes nègres avec lesquels des difficultés pourraient surgir d'un jour à l'autre; enfin, elle renferme des richesses minérales (2) qui sont des ressources plus sûres que les marchandises provenant de peuplades en général peu laborieuses (3). Aussi, dans une conférence faite devant la *Société de géographie commerciale de Paris*, M. de Brazza a proposé de créer, sur une étendue de 350 à 400 kilomètres, un chemin de fer partant de la côte du Congo (où nous venons d'occuper Loango et Ponta Negra) et aboutissant à N'tamo où le majestueux fleuve Livingstone, jusque-là embarrassé de chutes et de rapides, devient navigable.

(1) M. Dutreuil de Rhins prétend que par le Congo on ne transporte par an que 40,000 kilogrammes de marchandises, tandis que par l'Ogowé on en transportera 150,000.

(2) On y trouve le plomb et le cuivre en quantités considérables, dit M. de Brazza.

(3) L'Association internationale vient de fonder deux stations sur le Quillou et cherche à nous fermer cette route.

« La clef du Congo intérieur, c'est-à-dire de ce réseau fluvial qui drainera les richesses de l'Afrique intérieure, est à N'tamo; elle est dans vos mains, dit le vaillant explorateur. Malheureusement mon patriotisme s'inquiète de l'absence de factoreries françaises sur l'Ogowé. » En effet, dans tout le bassin de ce fleuve le monopole du commerce appartient aux Anglais et aux Allemands. Et cependant les populations riveraines du Congo et de l'Ogowé nous appellent; ici, le climat est relativement sain quoique très chaud (1); on trouverait facilement des vivres et des porteurs chez ces peuplades qui apprécient les avantages que leur offrirait le commerce avec les blancs. Des Sénégalais habitués à un climat à peu près semblable et qu'on attirerait dans la contrée seraient d'utiles intermédiaires pour l'échange des marchandises. L'Afrique intérieure est d'une richesse inépuisable. Stanley la signale à l'Angleterre *comme une seconde Inde*. Les bénéfices à faire sont aussi certains que considérables et l'occasion nous est offerte de fonder, au milieu de populations dociles et sociables, une France équatoriale. Pour arriver au cœur du noir continent, il suffit aux négociants français de le vouloir. Le voudront-ils? Ou bien, se contentant de l'honneur

(1) La température moyenne de l'année est de 28 degrés au-dessus de zéro; en avril, elle atteint 33 degrés (Docteur Ballay).—La chaleur n'est pas plus forte au Congo qu'en certaines régions de l'Inde, écrit le colonel Goldsmith. On y souffre surtout de l'humidité et l'affection la plus commune est la fièvre bilieuse.

de la découverte, en laisseront-ils le profit aux Belges, aux Anglais, aux Allemands, aux Portugais qui déjà se dirigent de l'Angola sur Bihé pour atteindre de là les affluents du Congo?

Le Portugal, l'Angleterre et la Belgique au Congo.

M. Savorgnan de Brazza est reparti pour le Congo où il s'efforce de maintenir et de développer la situation déjà acquise. Son but est de relier Franceville et Brazzaville à l'Ogowé et à l'Atlantique par la fondation de stations et de postes intermédiaires.

Mais on peut se demander si le retard apporté au départ de l'expédition ne sera pas préjudiciable aux intérêts français. M. de Brazza a, il est vrai, envoyé en avant un ingénieur, M. de Lastours, qui a fait ses preuves dans l'exploration Paiva d'Andrada, en Zambésie; mais pendant que l'illustre voyageur était retenu en France par les préparatifs d'une expédition qui ne doit pas durer moins de deux ans, Stanley et ses lieutenants de l'Association belge africaine ont pu asseoir leur influence sur les rives du Congo et pousser loin leurs reconnaissances.

D'autre part, il reste à surmonter quelques obstacles : on peut d'abord se demander si ce projet d'exploration ne sera pas, comme l'a été le voyage de MM. Marche et de Compiègne, entravé par les Ossyéba, anthropophages peints en rouge et armés de fusils qu'ils chargent avec des morceaux de fer et de fonte, ou par les féroces Apfourou qui ont une première fois fo ..é M. de Brazza à la retraite. N'avons-nous pas, en outre, à redouter les envahissements des Belges et la jalousie des Anglais ? Nos voisins d'outre-Manche, qui se sont montrés en Egypte et à Madagascar si peu respectueux de nos droits et de nos intérêts, ne vont-ils pas, ici encore, susciter des difficultés à une entreprise dont le but est surtout humanitaire ? Les agissements des Belges et l'insolente hauteur avec laquelle Stanley a accueilli les avances de M. de Brazza nous le font craindre.

Mais ce ne sont pas là nos seuls adversaires. Aussitôt que la Chambre française eut, sur le rapport de M. Rouvier, ratifié le traité signé avec Makoko et voté les crédits nécessaires à l'expédition, la Hollande, ou plutôt la chambre de commerce de Rotterdam, émit des prétentions sur les territoires qui s'étendent depuis Longobode jusqu'à la rive nord du Congo. De ce qu'un peuple a créé jadis sur une côte quelques comptoirs qui, d'ailleurs, ont disparu et n'ont eu pour gérants que des étrangers, faut-il en conclure qu'il peut avec vraisemblance revendiquer la possession d'une contrée sur laquelle une autre nation a des droits antérieurs, fondés sur la découverte et l'occupation ? La tardive revendication des Hollandais est restée lettre morte.

Un autre petit État a élevé sur les territoires situés au nord du Congo des prétentions plus légitimes. En apprenant la conclusion du traité qui nous cédait les territoires des Batékés, la presse portugaise s'émut et engagea avec les journaux français une assez vive polémique; mais quand les déclarations de notre ministre des affaires étrangères et les rapports de la Chambre des députés et du Sénat eurent fait savoir que notre gouvernement reconnaissait au Portugal la possession de la rive gauche du Congo et la légitimité de ses prétentions sur les territoires situés sur la côte au-dessous de 5°12' de latitude sud (1), l'émotion excitée en Portugal par le traité conclu avec le roi Makoko se calma, et la presse de Lisbonne et d'Oporto fut unanime à louer la générosité et la loyauté de nos procédés. Nous n'avons plus aujourd'hui à craindre que des difficultés surgissent de ce côté.

La France a d'ailleurs intérêt à ne pas s'aliéner les sympathies des Portugais dont les prétentions ne contredisent en rien les droits que nous venons d'acquérir par le traité conclu avec le roi Makoko. A ne considérer que l'intérêt de la civilisation, il faudrait laisser ce vaillant petit peuple, qui fonde des écoles, lance sur le Congo des bateaux à vapeur et crée des lignes télégraphiques, continuer l'œuvre humanitaire qu'il a commencée depuis quatre siècles. D'autre part, presque tout le commerce de la contrée est entre ses mains; la plus grande partie des traitants du bas Congo parlent sa langue, et il pourrait, grâce à l'influence considérable qu'il a conservée dans la région, entraver nos projets.

Quant aux Belges, ils ne seraient pas redoutables par eux-mêmes ; mais derrière eux se cachent les

(1) M. Duclerc, alors ministre des affaires étrangères, a tout récemment déclaré qu'il n'avait pas pris cet engagement.

Anglais. Malgré un traité intervenu en 1763 entre la France, l'Angleterre, l'Espagne et le Portugal, et qui reconnaît solennellement les droits du Portugal sur les territoires de la côte d'Afrique au sud de l'équateur, y compris Molembo et Cabinda, depuis 5°12' jusqu'à 8° de latitude méridionale, malgré les traités de 1810 et de 1815, malgré les engagements pris par lord Aberdeen en 1845, le cabinet de Londres conteste au gouvernement de Sa Majesté Très Fidèle la possession de certains territoires situés au nord de la côte d'Angola. Tout esprit impartial comprendra difficilement que l'Angleterre, si elle n'a pas de visées d'ambition, persiste à se mettre en opposition ouverte avec les intérêts de l'humanité et les principes inviolables du droit des gens ; mais elle espère sans doute prendre dans un avenir peu éloigné la place qu'occupe aujourd'hui la Belgique, et selon elle la fin justifie les moyens.

Nos bons voisins les Belges, qui sont heureux et fiers d'être neutres en Europe, ne le sont guère en Afrique. Pendant que M. de Brazza faisait ses préparatifs pour une seconde expédition, l'Association internationale africaine redoublait d'activité. Outre les stations de Vivi, d'Isanghila, de Manyanya, dont la création remonte à quelques années, elle vient de fonder celles de Léopoldville (N'tamo) et d'Ibaka, au confluent du Kuango. Le comité *belge* des études du haut Congo déclare que « le vapeur *En avant*, « battant pavillon *belge*, s'est avancé à 400 kilomè- « tres sur le haut fleuve et qu'il a exploré plusieurs « affluents des deux rives ».

« Le long du fleuve, ajoute le *Précurseur d'An-*

« *vers*, nous rencontrons partout des *compatriotes*.
« A Emboma et à Noki, sur l'embouchure du Congo, « nous trouvons M. Gillis dirigeant, avec plusieurs « autres nationaux, deux comptoirs *belges*. Le *Héron*, « la *Belgique* et l'*Espérance* sillonnent le fleuve « en tous sens. Entre Isanghila et Manyanga, le « service est assuré par le *Royal*. A Stanley-Pool, « Léopoldville nous rappelle *notre patrie*, et à 160 « kilomètres plus loin, à Ibaka, au confluent du « Kuango, une nouvelle station *belge* répand autour « d'elle les bienfaits d'une civilisation pacifique. « Nous pouvons donc, dès ce jour, nous avancer d'un « pas sûr jusqu'à 700 kilomètres dans l'intérieur du « pays, tout en possédant des communications régu- « lières avec la côte. »

De là il résulte que le caractère international de l'Association est une pure fiction. Dans le but apparent « d'éteindre progressivement la traite des « nègres et de frayer dans l'Afrique intérieure des « voies d'accès à la civilisation », elle fonde sur le Congo des stations soi-disant hospitalières, mais qui sont en réalité autant de postes militaires. Au lieu d'ouvrir l'Afrique au commerce du monde entier, elle cherche à l'accaparer à son profit en s'assurant le passage exclusif sur les territoires qu'elle acquiert. Sous prétexte de créer des comptoirs et de faire pénétrer les produits et les idées de l'Europe au cœur du noir continent, elle poursuit un but tout différent : la conquête du pays. Non seulement elle se fait céder des terres, des voies de communication moyennant quelques barils de poudre et quelques pipes de rhum, mais elle crée à son profit des péages et contraint les chefs indigènes à prendre l'engagement « de repousser par la force « les attaques dont elle pourrait être l'objet de la « part d'intrus, *de n'importe quelle couleur* ».

N'est-ce pas dans le but évident d'accaparer tout le trafic qui se fait avec la côte qu'elle a passé, le 7 janvier 1883, un traité par lequel deux chefs indépendants de Palla-Balla, localité située sur la rive droite du Congo, à peu près à la hauteur de Vivi, lui concèdent leur territoire et le monopole exclusif du commerce dans leur contrée qui est la route obligée de tous les trafiquants en relations avec le bas fleuve ?

Stanley, tant la haine l'aveugle, n'est pas difficile sur le choix des moyens à employer pour faire échec à son rival. Le premier article d'un traité signé par l'un de ces princes qui règnent sur quelques misérables villages, entre le quatrième et le cinquième degré de latitude sud, porte : « le *roi Jonka de Selo reconnaît la souveraineté du Comité d'études du haut Congo.* » Une convention semblable qui stipule droit de commerce et de séjour en faveur des membres de l'Œuvre africaine et l'obligation de leur fournir la corvée a été passée avec un roi des Mayanga. Il est évident que l'audacieux Américain lui-même ne se méprend nullement sur la valeur de traités arrachés à la pusillanimité de quelques princillons nègres. Il sait qu'ils sont frappés de nullité par ce seul fait qu'ils sont conclus au nom d'une association qui ne prendra jamais place dans l'almanach de Gotha, mais il compte les opposer aux tiers par droit de premier occupant.

Le comité de cette œuvre, soi-disant internationale, mais en réalité belge, anglaise et allemande, va plus loin encore et ne recule pas devant les actes déloyaux. Ainsi, l'un de ses agents « le capitaine Elliot a signé, le 20 mai dernier, un traité avec le roi Mani-« pembo, bien qu'il fût de notoriété publique que, le « 12 mars 1883, ce prince avait placé ses états sous « le protectorat de la France (1). »

Il est temps, ce semble, que l'Association belge-africaine s'arrête dans la voie tortueuse où elle s'engage. On prétend, il est vrai, que son président, le roi des Belges, ému des réclamations de la presse française, a envoyé des instructions beaucoup plus conciliantes à Stanley et lui a prescrit non seulement d'éviter avec soin tout conflit avec son rival, mais de lui prêter main-forte à l'occasion. Si le fait est vrai, nous nous en félicitons dans l'intérêt de l'Association belge-africaine, de la France et de la civilisation. Mais quand même cette nouvelle serait confirmée, il serait permis de se demander si celui qui a déclaré que le traité conclu avec le roi Makoko est un pur enfantillage obéira aux ordres qu'il a reçus. En tous cas, le Comité d'études du haut Congo semble désirer la conciliation. Comprenant, dit-on, l'inanité des actes d'un homme qui conclut des alliances et brise d'anciens traités sans représenter aucune puissance souveraine, il vient d'envoyer vers Stanley le major-général de l'armée anglaise sir F.-J. Goldsmith, homme de guerre et savant distingué, et un

(1) Lettre du Congo publiée par le journal *le Temps* du 28 septembre 1883.

jurisconsulte belge, chargés de modérer son ardeur intempestive et de mettre un terme à ses agissements. Mais peut-être ferons-nous bien de nous tenir en défiance, car pour ramener vers nous un Américain on envoie un de ces Anglais qui, hors d'Europe surtout, ne sont pas suspects de tendresse à notre égard.

D'ailleurs, voici que nos voisins d'outre-Manche entrent en scène, d'un air hésitant d'abord et avec précaution. Le cabinet de Saint-James qui soulève des difficultés à propos de possessions garanties à la Couronne portugaise par des conventions internationales, mais ferme les yeux sur les agissements des Belges a, croyons-nous, de sérieux motifs d'agir ainsi. Stanley est devenu le représentant de ses intérêts. Ne se sentant pas soutenu au gré de ses désirs par une association de marchands qui ne peut mettre en ligne les forces dont il a besoin et qui déclare que « la Belgique, en tant qu'Etat, désavoue « toute intention d'acquérir un seul pouce de terrain « sur le sol africain », le Yankee audacieux, qui veut à tout prix faire échouer l'entreprise de son heureux émule, se tourne vers l'Angleterre et lui offre ses conquêtes. M. Johnstone a donné, le 24 septembre 1883, lecture à la section géographique de l'Association britannique des sciences d'une lettre de Stanley où celui-ci « insiste vivement pour que le gou- « vernement anglais prenne sous son protectorat « les chefs indigènes du Congo, afin, dit-il, de les « empêcher de tomber sous la domination portugai- « se, ce qui serait les rendre à l'esclavage ». Le cabinet de Saint-James n'a pas osé assumer la responsabilité d'un acte aussi hardi que déloyal, mais la mauvaise foi du Yankee, agent des Belges, n'en est pas moins évidente. De son côté, l'Association internationale, s'apercevant que l'on déchire trop tôt le voile dont elle se couvre, déclare qu'elle n'a chargé personne de parler en son nom et qu'aucune modification n'a été apportée au plan dont elle poursuit la réalisation.

Ce qui est certain, c'est que les comptoirs anglais du Gabon vendent des armes aux indigènes, et que les commerçants de Manchester, désireux d'empêcher la France de s'établir au Congo, usent de toute leur influence près du gouvernement et l'engagent à susciter toutes sortes d'obstacles à notre entreprise. Ainsi le capitaine anglais Lonsdale, connu par ses missions à Coumassie, aurait reçu du ministre des colonies la permission de conclure un engagement de trois ans avec la Société internationale d'exploration du Niger et du Congo. Emmenant avec lui plusieurs centaines d'hommes, appartenant à la tribu belliqueuse des Haoussas, il aurait fait voile pour le Niger; de là, il remonterait la Bénoué et descendrait vers le Congo rejoindre et renforcer la petite armée de Stanley.

On peut même craindre que, fatigué des précautions et des timidités imposées au Comité belge, irrité des indécisions de l'Angleterre, fier de l'appui de ses Zanzibarites bien instruits, courageux et dévoués, entouré d'une escorte de princillons nègres, sûr de l'alliance du roi de Mirambo dont l'armée est relativement nombreuse, bien équipée et dressée à l'européenne, Stanley ne prenne sur lui d'agir pour son propre compte et ne songe à se créer au cœur de l'Afrique un empire dont il serait le maître absolu. Le passé nous rassure peu sur l'avenir. L'illustre explorateur américain a plusieurs fois montré, non seulement la mauvaise humeur d'un rival distancé, mais une partialité haineuse. Dans un banquet donné à l'Hôtel Continental il a essayé de tourner en dérision notre vaillant compatriote « qu'il a rencontré, « dit-il, sans chaussures, vêtu d'une tunique d'uni« forme usée et portant une coiffure difforme. Je ne « peux comprendre, a-t-il ajouté, que le voyageur « français qui n'a parcouru que 160 milles inexplorés, « de la station de Passa jusqu'au Congo, soit cité « comme le phénomène de l'année ». Après avoir prodigué à son rival les épithètes de naïf et d'ingénu, après avoir répété à plusieurs reprises qu'il veut lui porter *le coup mortel*, l'audacieux Yankee conclut en ces termes : « Si M. de Brazza parvient à engager « le gouvernement français à sanctionner officielle« ment ses actes, quel ne sera pas son étonnement « quand il reconnaîtra le véritable sens du morceau « de papier que M. de Brazza lui a envoyé ? »

En parlant ainsi, l'explorateur américain avait évidemment pour but de refroidir l'enthousiasme français et d'entraver notre action civilisatrice sur les rives du Congo et de l'Ogowé.

Quelques instants après M. de Brazza s'est levé et a dit : « Je vois dans M. Stanley non pas un anta« goniste, mais simplement un travailleur dans le « même champ où nos efforts communs, quoique « nous représentions des intérêts différents, con« vergent vers le même but : le progrès et la civilisa-

« tion en Afrique » ; et il a ajouté : « Les drapeaux que « j'ai distribués partout comme un symbole de paix « et d'amitié se répandent de tribus en tribus et « proclament qu'une nouvelle ère a maintenant « commencé pour ces populations. Messieurs, je « suis Français et officier de la marine française. Je « bois à la civilisation de l'Afrique par les efforts « simultanés de toutes les nations, sous tous les « drapeaux ! »

Ces généreuses paroles disent assez de quel côté est la modération. Si l'accord ne s'est pas fait (1), on le voit, la faute n'en est pas imputable au représentant de nos intérêts ; elle retombe tout entière sur Stanley qui, à peine retourné au Congo, n'a cessé de susciter des difficultés à celui qu'il considère comme un adversaire.

Malheureusement, aux yeux de ces pauvres sauvages de l'Afrique intérieure, les blancs sont solidaires les uns des autres. Mais est-ce à nous la faute si le principal représentant de l'Association belge-africaine sèmeautour de lui la terreur et la haine et inaugure une espèce d'état de guerre qui pourraêtre fatal non seulement à lui-même, mais aux Européens ? Ce même explorateur, d'ailleurs plein d'énergie et de courage, qui s'est frayé un passage au centre de l'Afrique en livrant trente-deux combats dont les nègres ont gardé un amer souvenir, est aujourd'hui escorté de 200 Zanzibarites armés de fusils à tir rapide, et c'est ainsi qu'il impose sa volonté aux roite-

(1) Ces pages ont été écrites avant la signature des deux conventions intervenues entre la France et l'Association.

lets indigènes. « Pourquoi, disait-on à l'un d'entre eux, as-tu cédé ton territoire à Stanley? Il te donne une rétribution dérisoire. — J'ai eu peur! »

Stanley, tant le dépit l'aveugle, a recours à la violence pour faire échec à de Brazza. Notre illustre compatriote était à peine rentré en France depuis quelques mois quand deux missionnaires anglais arrivèrent à Ncouna et s'efforcèrent par tous les moyens d'indisposer contre nous les indigènes; mal leur en prit et, sans la généreuse intervention du sergent Malamine, on leur aurait fait un fort mauvais parti. Il se retirèrent honteux et confus. Mais, à quelque temps de là, Stanley arriva avec quatre Européens et soixante Zanzibarites. Il espérait sans doute intimider ceux que ses agents n'avaient pu corrompre. Le sergent Malamine vint au-devant du Yankee avec des vivres que celui-ci refusa dédaigneusement. Comme Stanley continuait ses menées et parlait de s'établir dans la contrée, les indigènes lui répondirent qu'ils se feraient tuer jusqu'au dernier plutôt que de ne pas se conformer aux stipulations du traité, et ils arborèrent notre pavillon.

On peut se demander comment un jeune homme, un modeste lieutenant de la marine française, livré à ses seules ressources, a pu passer des conventions et nouer des alliances dont la fidélité est à toute épreuve. L'explication est tout entière dans l'anecdote suivante, qui se passe de commentaires : « Lorsqu'en 1876, écrit M. de Brazza, je tentai ma première exploration sur le cours de l'Alima, mon voyage à travers les tribus traversa bien des vicissitudes. Le plus souvent notre pacifique attitude, notre cordialité nous valut un accueil amical. Une fois cependant, au cours d'une conversation avec de nouveaux hôtes, on me demanda, question assez naturelle, ma foi : « Mais enfin, qui êtes-vous, d'où venez-vous, que voulez-vous faire ici ? » Inexpérimenté comme j'étais, j'eus l'imprudence de répondre que j'allais à la recherche de mon frère blanc, égaré en ces parages. Et ces mots de frère blanc, je les avais dits en l'air, sans penser à personne et pour répliquer quelque chose.

« Mais ces indigènes comprirent que j'avais désigné ce blanc qui avait tant usé et abusé du fusil contre eux et laissé partout des traces sanglantes. Aussitôt leur amitié fit place à une hostilité sourde, bientôt manifeste. Je fus épié, menacé ; je dus fuir et même, serré de trop près, je me vis un instant réduit à me fortifier avec mes hommes, puis à faire le coup de feu. Intimidé par nos balles, l'ennemi nous laissa enfin poursuivre notre route. »

« L'an passé, quand, après les alternatives que l'on sait, je fus devenu l'allié des hommes qui m'avaient naguère si mal reçu, je dissipai le malentendu qui m'avait coûté si cher : « Le blanc dont je vous parlais « alors, leur disai-je, n'avait rien de commun avec « celui que vous imaginez. Je suis si peu le frère de « celui que vous pensiez que je n'appartiens ni à la « même nation ni à la même race, et que mon drapeau « ne porte pas, voyez plutôt, les mêmes couleurs. »

« Nous te croyons, répondirent ces indigènes, très observateurs pour des sauvages, et ce qui confirme ce que tu nous dis, c'est une remarque que nous avons faite. Nous t'avons attaqué, te prenant pour un ennemi. Tu t'es défendu, c'était ton droit. Seulement, nous avons bien noté que tu ne frappais que pour riposter à l'attaque et cessais le feu dès que l'assaillant cessait la menace, au lieu que l'autre tirait à tort et à travers des coups de fusil et tapait à tour de bras, au hasard, sans utilité, sans raison. »

De son côté, le docteur Ballay écrit : « Longtemps après le passage de l'expédition, il suf« fisait d'un pavillon français arboré sur une piro« gue native pour la protéger contre les tribus en« nemies. » Nous savons, d'autre part, qu'un nègre porteur du bâton de commandement de M. de Brazza, a pu, grâce à ce fétiche, traverser tout le pays des Ossyéba. On voit que si notre habile compatriote a réussi à mener à bonne fin son entreprise, c'est qu'au rebours de son rival Stanley, il est apparu aux tribus sauvages comme l'envoyé de la paix et le civilisateur d'autant plus aimé qu'il a montré plus de douceur, d'humanité et de modération. Il ne se pose pas en annexionniste, en conquérant; ce qu'il veut, c'est ouvrir à nos commerçants, à nos industriels, un coin inexploré de l'Afrique équatoriale, c'est créer des routes, préparer une voie ferrée, c'est tracer une sorte de sillage français à travers ces contrées sauvages et « assurer à notre pays, « sous une forme plus ou moins analogue à un pro« tectorat, le monopole de l'exploitation d'un pays « où dorment inutiles tant de riches ressources. »

Le traité anglo-portugais et la première convention de la France avec l'Association internationale.

Ces pages étaient écrites quand l'Association internationale, mieux inspirée et se rendant un compte plus exact des difficultés de la situation, a enfin compris que l'appui de la France lui était indispensable pour faire avancer l'œuvre de la civilisation au cœur du noir continent. Un accord est intervenu entre M. Jules Ferry, président du conseil, et M. Strauch pour l'Association. La France s'engage à respecter les stations et les territoires de l'Association; elle reconnait le libre exercice par l'Association des droits que celle-ci s'est acquis. De son côté, l'Association déclare formellement qu'elle ne cédera à aucune puissance les stations et les territoires libres qu'elle a fondés au Congo et dans la vallée du Niari-Quillou. Toutefois, voulant témoigner de ses sentiments amicaux pour la France, elle s'engage à lui donner le droit de préférence si, par des circonstances imprévues, elle était amenée un jour à réaliser ses possessions (1).

(1) *Livre jaune*, publié par le gouvernement français.

En accordant à la France ce droit de priorité, l'Association a voulu informer ses adversaires, dit la *Gazette de l'Allemagne du Nord*, que les efforts faits pour nuire à l'œuvre internationale pourraient, en cas de réussite, se tourner contre leurs auteurs.

Non seulement cet arrangement diminue les chances de conflit entre les agents de Stanley et ceux de M. de Brazza et écarte les compétitions regrettables qui pouvaient nuire au but supérieur poursuivi par les deux missions, mais l'Association, qui prétend n'avoir jamais songé à se rendre propriétaire de toutes les rives du Congo, pourra désormais procéder, comme elle en exprime le désir, à l'organisation d'un état libre et fédératif, protecteur de la liberté du grand fleuve qu'elle dit vouloir ouvrir au commerce de toutes les nations. Le jour où le nouvel état qui sera appelé à l'existence par la publication d'une constitution entrera dans la famille des états des deux hémisphères, elle lui cédera, comme à son successeur légal, le capital souscrit par ses membres et veillera sur lui pour le protéger (1).

De son côté, la France, sans aller jusqu'à reconnaître, comme l'a fait le cabinet de Washington, l'Association, en tant que puissance constituée, prend l'engagement de respecter les territoires qu'elle a occupés, de n'apporter aucun obstacle à la mission qu'elle s'est assignée et d'agir avec elle en bon voisin.

Cet arrangement, qui a été bien accueilli à La Haye et à Berlin, n'a pas l'heur de plaire au cabinet de Saint-

(1) *Précurseur d'Anvers.*

Indigènes du Congo.

James et au peuple anglais. La presse de Londres crible de sarcasmes cette même Association qu'elle comblait d'éloges quand Gordon pacha devait prendre la direction de ses affaires dans l'Afrique centrale.

« L'Association, dit le *Times*, avait toujours été considérée comme une grande agence philanthropique tout à fait en dehors du terrain des intrigues politiques, et le peuple anglais apprendra avec un sentiment de surprise et de peine qu'il se trouve, au contraire, en présence d'une simple exploitation du Congo établie sur la base des affaires commerciales ordinaires. Ce qui semblait être une tentative humanitaire devient une spéculation privée, et à tout moment le pavillon à étoile d'or de l'Association internationale peut être remplacé par le pavillon tricolore, et le libre commerce qu'il symbolise par les tarifs protecteurs de la République française. »

Partant de là, le *Times* fait une charge à fond de train sur l'Association et déclare que, du moment qu'elle descend des hauteurs qu'elle occupe et s'arroge le droit de disposer des territoires où on lui a permis de laisser flotter son pavillon, elle ne sera pas étonnée de voir passer au crible ses titres, ses droits, sa constitution et ses prétentions politiques.

Elle n'a pas, dit-il, de droits territoriaux par la raison qu'elle n'a pas d'existence territoriale et n'a aucun pouvoir pour les défendre quoi qu'il advienne.

« Elle a vendu ce qu'elle ne possédait pas, et ce qu'elle avait nié posséder dans ses négociations avec les Etats-Unis.

« Elle a donné au gouvernement français un droit

de préemption pourvu que celui-ci s'abstienne d'entraver ses entreprises. Mais si l'on a acheté de la France cette faveur, elle avait donc le droit d'évincer l'Association internationale. »

« Maintenant que l'Association a traité avec la France avec le caractère d'un gouvernement indépendant, elle ne peut plus devant l'Europe prétendre être une agence philanthropique et désintéressée. Elle cesse d'exister à un point de vue international, et les territoires dont elle s'est emparée retombent dans les conditions de territoires inoccupés. »

Ces violences de langage nous disent clairement combien nous serions naïfs si nous faisions fond sur l'amitié anglaise. Nos chatouilleux voisins n'ont aucun droit, aucun intérêt sérieux au Congo ; leur commerce sur les rives du grand fleuve est sans importance, et cependant, par le fait seul que l'accord conclu avec l'Association internationale leur déplaît, ils le considèrent comme non avenu et prennent à l'égard des deux parties contractantes une attitude arrogante que rien ne justifie. On dirait vraiment que partout où il y a un peu d'eau le pays appartient aux Anglais ! Heureusement, malgré ces menaces, l'Association, qui paraît peu s'émouvoir de ces tirades gallophobes, va continuer sa mission civilisatrice sur le haut fleuve et jusque sur le littoral pendant que la France échelonnera ses stations sur la route de l'Ogowé et du Congo.

L'Association, écrit M. Strauch, son directeur, répondant aux directeurs d'une Compagnie de transports maritimes anglais, « ouvre ses territoires au libre commerce de toutes les nations;

elle n'établira aucune ligne de douanes sur ses frontières et donnera des concessions sans distinction de nationalité à tous ceux qui les demanderont, pourvu qu'ils s'engagent à respecter les droits et règlements du nouvel État. » Là où les Anglais avaient rêvé la prépondérance et le monopole, ils seront contraints de se contenter de l'égalité; mais si la convention ne fait point les affaires de John Bull, elle fait celles de l'humanité.

Un autre traité, signé le 26 février 1884 entre l'Angleterre et le Portugal, paraît devoir soulever des critiques encore plus vives. Par ce traité, l'Angleterre accepte la souveraineté si longtemps contestée du Portugal sur le territoire situé entre le 8° et le 5°12' de latitude sud. La frontière orientale coïncide avec les frontières actuelles des tribus riveraines. Ce territoire sera ouvert à toutes les nations pour le commerce et l'acquisition des terrains.

Le Zambèze et le Congo seront également ouverts pour le commerce et la navigation à toutes les nations. Les prétentions du Portugal sur le Schiré ne doivent pas s'étendre au delà du confluent de ce fleuve avec le Ruo.

« Une commission mixte rédigera les règlements de navigation sur le Congo où seront appliqués les tarifs et les droits du Mozambique. Les parties contractantes s'engagent en outre à faire tous leurs efforts pour supprimer l'esclavage sur les côtes orientales et occidentales de l'Afrique. »

Ce traité qui, en échange de la reconnaissance des droits contestés du Portugal, assure à l'Angleterre le protectorat de toute la région du Congo a été vivement attaqué par toutes les nations. La France réclame; l'Allemagne s'indigne; la Hollande et les Etats-Unis protestent; la presse de Londres, les chambres de commerce anglaises aussi bien que les journaux de Lisbonne et d'Oporto témoignent d'une irritation qui va croissant à mesure que les conditions de la convention sont mieux connues.

Les Hollandais, qui tiennent le haut du commerce sur le Congo inférieur et y achètent pour plus d'un million de florins d'huile de palme et de graines oléagineuses, de gomme, de café et d'ivoire, protestent contre les tarifs du Mozambique. Un impôt sur les marchandises qu'ils importent aujourd'hui en franchise n'est pas fait pour leur plaire.

Les Etats-Unis appuient les réclamations de la Néerlande et demandent la libre navigation et la liberté du commerce sur le Congo, ses tributaires et les rivières adjacentes. Ces deux Etats voudraient que les rives du bas Congo fussent placées sous la souveraineté du Portugal, mais administrées par une commission semblable à celle du Danube. C'est probablement la solution qui prévaudra. La commission aurait la haute main sur les impôts et une part directe dans l'administration du pays. On en reviendrait ainsi à la première proposition faite par l'Angleterre au Portugal, qui l'a repoussée énergiquement.

La Prusse, à son tour, s'est prononcée en faveur d'une commission internationale chargée d'établir un système de lois et de règlements auquel les négociants européens aussi bien que les natifs auraient à se conformer. D'autre part, les progrès du commerce allemand sur les rives du Congo et le besoin de protéger les intérêts allemands dans ces parages ont décidé l'office des affaires étrangères de Berlin à envoyer dans cette région le célèbre docteur Nachtigal, consul général à Tunis, pour y remplir les fonctions de commissaire général et surveiller les agissements des Anglais et des Portugais. On lui a adjoint le voyageur africain Buchner. Enfin, pour bien caractériser le sens des réclamations de la chancellerie prussienne, M. de Bismarck déclare, dans une lettre rendue publique, que S. M. l'Empereur ne peut accepter l'application des clauses du traité anglo-portugais aux sujets allemands.

De son côté, notre gouvernement s'étonne à bon droit que la commission de contrôle établie par le projet de traité soit uniquement composée d'Anglais et de Portugais. Il fait remarquer que des factoreries américaines, françaises, allemandes, hollandaises, sont établies sur les territoires octroyés si libéralement au Portugal, et qu'il y a en conséquence au Congo d'autres intérêts que les intérêts anglo-portugais; que, d'après le traité, toute la contrée qui s'étend sur les deux rives du bas Congo serait placée sous le contrôle exclusif des agents de la Grande-Bretagne; que les droits des noirs du Congo sont reconnus, que ceux des puissances européennes ne le sont pas; que d'autre part les postes français de la baie de Loango ne seraient plus séparés de la frontière portugaise que par une étroite bande de territoire et que, dès lors, il serait nécessaire de fixer une frontière commune. Comme d'après le traité la frontière portugaise serait à Noki, poste situé à 110 milles dans l'intérieur des terres et où s'arrête la grande navigation ; comme le Portugal serait maître de toute la contrée située sur les deux rives du Congo, il est permis de se demander si cet Etat est en situation de maintenir l'ordre sur une aussi grande étendue de côtes que celle que lui concède l'Angleterre. Les Portugais, tout en faisant les préparatifs nécessaires pour prendre possession des territoires jusqu'alors en litige et pour constituer une province du Congo, avec Cabinda pour résidence du gouverneur et Landana, Banane, Ponte da Lenha, M'boma et Noki comme centres administratifs, ne sont point satisfaits. Ils réclamaient la possession de l'Afrique intérieure tout entière, de l'Atlantique à l'océan Indien, des bouches du Congo à celles du Zambèze, et ils prétendent avoir fait de trop grandes concessions en se contentant de la bande maritime de territoire que l'Angleterre leur reconnaît. Ils se plaignent enfin de ce que le traité place toutes les colonies portugaises en Afrique sous le protectorat de l'Angleterre, et ils ajoutent que les avantages commerciaux qu'en retirera le Portugal seront nuls ou médiocres.

Les Anglais, au contraire, prétendent que les tarifs consentis par leur gouvernement en faveur du Portugal sont excessifs, puisque le commerce qui se faisait librement dans tout le bassin du Congo devra acquitter des droits variant entre 6, 10 et 15 0/0. Ils affirment, en outre, que la domination portugaise serait fort mal accueillie par les indigènes dont beaucoup se disposeraient à quitter le pays, surtout dans les districts de Kisembo et d'Ambrizette. Ils prétendent que le Portugal, aussitôt en possession d'un territoire, commence par y établir une forteresse, puis un bureau de douane et enfin une église, c'est-à-dire la force armée, le protectionnisme et l'intolérance religieuse. Ils ajoutent : la seule conception gouvernementale des autorités portugaises est d'établir des douanes même aux plus petits ports de débarquement afin d'encaisser quelque argent et aussi de forcer les infortunés commerçants à graisser les roues de la routine avec de l'huile de palme.

Il est vrai qu'un Anglais, un ministre de la reine, s'est chargé de faire justice de ces exagérations. Le 16 mai 1884, lord Granville, répondant à une question qui lui était adressée à la Chambre des lords, a déclaré que « tous les délégués des chambres de commerce — et ils sont nombreux, a-t-il dit, — venus au Forcing-Office, admettent que le traité est bien fait ; mais ils confessent en même temps que la véritable objection provient de ce qu'ils trouvent que l'Angleterre eût dû prendre possession du pays ». Et poursuivant sa réponse, lord Grandville demandait s'il fallait que l'Angleterre plantât son pavillon sur l'embouchure de toutes les rivières navigables qui ne sont pas occupées par un peuple civilisé, et en vertu de quel droit supérieur l'Angleterre agirait ainsi.

Comme conséquence de toutes ces protestations, le traité a été dénoncé. Les objections élevées par certaines puissances sont trop sérieuses, dit lord Fritz Maurice, pour laisser l'espoir au gouvernement anglais que le traité en entier puisse être accepté, et il ajoute que les négociations seront reprises pour l'établissement d'une commission internationale.

Il est urgent, en effet, de mettre fin à une situation irrégulière, à un état de choses dangereux qui amènerait sans cesse des conflits à main armée entre traitants et noirs, comme ceux de Muculla et de Noki, car les chefs indigènes n'ont d'autre guide que la coutume et leur fantaisie.

Troisième voyage de M. de Brazza. 1883-1885.

Encouragé par l'accueil enthousiaste qu'il a reçu à Paris et fort cette fois de l'appui du parlement français, M. de Brazza désirait vivement retourner sur les rives de l'Ogowé et du Congo, afin d'y continuer l'œuvre si heureusement commencée. Parti de Bordeaux le 20 mars 1883, à bord du *Précurseur*, il atteignait Dakar au commencement d'avril et y embarquait 120 tirailleurs sénégalais ou laptots mis à sa disposition par le ministre de la marine. Le 7 avril, il faisait voile pour le cap Palmas où il engageait des kroumens; de là il se dirigeait vers le Gabon où il arrivait le 21 mai. Quand elle débarqua à Libreville, au milieu d'une végétation dont la richesse rappelle Taïti ou Ceylan, la mission française comprenait 205 personnes, soit 23 civils, 22 militaires ou marins, 126 laptots et 35 kroumens. M. de Lastours, parti de France dès le mois de janvier avec l'avant-garde, était arrivé le 3 mars à l'embouchure de l'Ogowé et avait déjà fait divers préparatifs, tels que achats de vivres et d'abris. De son côté, M. Mizon, chef de la station de Franceville, descendant l'Ogowé, était venu louer des pagayeurs et des pirogues pour les explorateurs. Mais les dispositions des indigènes semblaient peu bienveillantes, et il fallut aussitôt se mettre en mesure de leur prouver que nous n'avions nullement renoncé à occuper la contrée. Nos rivaux, profitant de l'absence de M. de Brazza, avaient employé tous les moyens avouables et inavouables pour nous susciter des difficultés. Ainsi, nos bons amis les Anglais et les Allemands, dont nous protégeons le commerce, avaient, tout en vendant ou même en donnant des armes à feu, propagé le bruit que M. de Brazza ne reviendrait pas, que le gouvernement français refuserait de ratifier le traité conclu avec Makoko. Nous dûmes prendre quelques mesures de précaution. Pendant que M. Masson, commandant supérieur du Gabon, défendait, sous les peines les plus sévères, la vente des armes, M. Michaux, qui avait accompagné M. de Brazza dans son second voyage et qui était connu sur le haut fleuve, se chargea d'aller démentir les fausses nouvelles qui circulaient. De son côté, M. de Lastours fit une excursion sur l'Ogowé supérieur pour annoncer l'arrivée prochaine de l'expédition. Mais déjà la présence de M. Ballay, qui depuis trois ans voyage tantôt dans le bassin de l'Ogowé tantôt dans celui du Congo, avait sur plus d'un point rassuré nos amis et affirmé notre prise de possession de la contrée.

D'ailleurs, un brillant officier de marine, le lieutenant de vaisseau Cordier, venait, en s'emparant de Loango et de Ponta-Negra quelques semaines auparavant, d'indiquer clairement quelles étaient les intentions du gouvernement français. Dès qu'on voulait ouvrir une voie commerciale vers l'Afrique intérieure, il était indispensable d'avoir un débouché sur la côte. Aussi, à peine débarqué, l'équipage du *Sagittaire* se mit à l'œuvre malgré l'hostilité évidente des indigènes. Les traitants anglais et portugais, qui ont fondé dans ces parages une colonie riche et florissante, s'étaient entendus pour ne rien nous céder, même au poids de l'or, et nos soldats, dont une dizaine souffraient de la fièvre, étaient réduits à se nourrir de lard, de haricots et de pain qu'ils faisaient eux-mêmes. Trois corvettes portugaises, qu'une canonnière anglaise vint bientôt renforcer, surveillaient les agissements de la mission. Cependant les nôtres, sans s'effrayer plus que de raison de ce déploiement de forces, parcouraient le pays en tous sens et une soixantaine d'hommes de l'équipage avaient déjà poussé une reconnaissance jusqu'au Congo. Ils avaient partout rencontré de l'animosité ou de la défiance. Nos rivaux, établis depuis de longues années dans le pays, ont acquis une véritable influence sur les indigènes auxquels ils vendent de la poudre et du rhum. Tout ce personnel, très mêlé et peu scrupuleux, avait persuadé à ces nègres ignorants et crédules que nous venions *prendre la terre*, c'est-à-dire nous établir dans le pays et en chasser les habitants. Comme les journaux anglais et portugais avaient commenté la mission du *Sagittaire* avec autant de malveillance que d'acrimonie, le lieutenant Cordier comprit qu'il ne lui restait d'autre ressource que la ruse ; il fit passer le *Sagittaire* pour l'*Oriflamme* et annonça que le premier de ces bâtiments n'arriverait que dans un mois avec la mission Brazza. Le stratagème réussit grâce au peu de relations qu'ont entre eux les divers ports de la côte; les factoreries envoyèrent un courrier à Banane annoncer l'arrivée de l'*Oriflamme* et les canonnières portugaises ne bougèrent pas du Congo. Quand, au bout de trois ou quatre jours, la ruse fut connue, nous avions sur les deux points les plus importants passé des traités en règle (1). Le roi de Loango, prévenu contre nous, redoutait si fort de nous voir *prendre la terre*, qu'il refusait — fait inouï dans la diplomatie nègre — d'accepter nos cadeaux. En outre, le pavillon portugais avait été arboré sur le village de Loango. M. Cordier, dans une entrevue qu'il eut avec le roi, réussit à lui faire avouer que des menées déloyales avaient été tentées auprès de lui. Il alla aussitôt trouver le négociant portugais qu'il supposait en être l'auteur et l'accusa d'exciter les noirs contre les blancs, crime très grave aux yeux des gens de la côte qui ne vivent guère que du commerce qu'ils font avec les Européens. Le Portugais nia et protesta de ses bonnes dispositions à notre égard. M. Cordier lui déclara alors que le seul moyen qui lui restait pour confondre ses accusateurs était d'exposer dans le grand palabre qui allait avoir lieu ses sentiments de confiance et d'amitié envers nous dans les mêmes termes qu'il venait de le faire. Le Portugais, comprenant qu'il jouait sa tête, n'hésita pas à exécuter une volte-face imposée par les circonstances, et ce fut grâce au coup de théâtre produit par les décla-

(1) Lettre du Congo publiée par *le Voltaire* du 3 juillet 1883.

rations de notre nouvel allié que nous pûmes obtenir « non seulement la cession à la France de la Pointe-Indienne qui commande, au point de vue commercial et militaire, toute la baie de Loango, mais encore un traité en règle signé avec le roi de Loango et le prince de Manipembo, mettant tout le pays jusqu'à la rive gauche du Quillou sous la protection et l'autorité de la France ».

La mission rencontra à la Pointe-Noire les mêmes difficultés, d'autant plus insurmontables que ses instructions ne lui permettaient d'agir sur la côte que par des arrangements amiables avec les indigènes. Or ceux-ci, gorgés de cadeaux et de tafia par les négociants portugais, ne consentaient à nous céder qu'un coin de terre à peine suffisant pour y construire une factorerie. M. Cordier déclara aux chefs assemblés qu'il considérait leur refus de nous vendre du terrain comme une insulte, puisqu'ils en cédaient à n'importe qui. La situation semblait très tendue, car d'un autre côté les négociants portugais avaient réussi à persuader aux noirs que s'ils hissaient le pavillon de Sa Majesté Très Fidèle, ils n'avaient rien à craindre de nous. Le commandant tint bon, sachant qu'aucun traité n'autorisait nos rivaux à user de ce subterfuge.

Après avoir boudé deux jours, les nègres venaient de rouvrir les négociations quand arriva une canonnière portugaise dont le commandant, aussitôt descendu à terre, réunit les chefs du pays et les traitants « et les engagea à nous résister en se couvrant de « son pavillon. Puis il remit à M. Cordier une protes- « tation en règle contre la prise de possession par

« la France d'un territoire appartenant, disait-il, au « Portugal par droit de découverte, et il partit pour « Saint-Paul de Loanda porter à son chef de sta- « tion la nouvelle de nos méfaits (1) ». Le commandant du *Sagittaire*, de son côté, déclara qu'il ne considérait le pavillon portugais, hissé sur un terrain libre, que comme une marque décorative, et le lendemain il le fit amener. Huit jours après toute la station navale d'Angola était devant Ponta-Negra. Mais, dans l'intervalle, M. Cordier avait envoyé secrètement vers le principal chef du pays un Père de la mission de Landana qui réussit à lui faire comprendre « les désavantages qui résulteraient pour les indigènes de l'occupation de leur pays par les Portugais ». Aussi, nos adversaires qui étaient venus chargés de cadeaux se virent contraints de repartir sans rien conclure. L'émotion causée à Lisbonne et à Saint-Paul de Loanda par l'occupation de Loango et de Ponta-Negra se calma dès que l'on reconnut que ces points sont situés en dehors de la frontière tracée par les traités antérieurs aux possessions portugaises.

Ainsi, grâce à l'habileté et à l'énergie du lieutenant de vaisseau Cordier, nous sommes maîtres de deux mouillages importants qui serviront de quartier général et de base à nos futures opérations. La baie de Loango est située par 4°20' de latitude méridionale, à quarante lieues environ de l'embouchure du Congo et à 450 kilomètres à vol d'oiseau de Brazzaville. Au fond de cette baie se trouve le

(1) *Le Voltaire* du 3 juillet 1883.

village du même nom, précédemment visité par M. de Brazza qui le considère comme un des meilleurs mouillages de la côte. Les abords de la plage sont faciles et les grands bâtiments y trouvent un excellent abri. Au sud de Loango, dont elle est séparée par un petit cap, la Pointe-Indienne, s'étend une seconde baie, celle de Pouta-Negra, bordée d'un certain nombre de cases habitées par des indigènes et par quelques traitants. Les Français ont établi là deux postes que M. de Brazza est venu visiter. Il a relevé les marins qui les gardaient et les a remplacés par des hommes faisant partie du personnel de la mission.

Notre énergique compatriote avait songé également à prendre possession d'un autre point d'atterrissement dont il avait reconnu l'importance et qui est situé à l'embouchure du Quillou, un peu au nord de Loango. De là il comptait remonter le cours du Niari, affluent du Quillou, dont il avait précédemment exploré la vallée; mais il a trouvé ce territoire occupé par les agents de Stanley arrivé deux mois auparavant. Le capitaine Elliot, venu par terre de Stanley-Pool avec une expédition, traversa à son tour la vallée du Niari qu'il étudia et créa le poste du Quillou pour tenir le nôtre en échec. L'installation du perfide rival de Brazza sur ce point est doublement regrettable; peut-être nous prépare-t-elle des difficultés pour l'avenir; en tous cas, elle crée une solution de continuité entre nos possessions du Gabon et les établissements que la France va fonder sur la baie de Loango. Elle nous empêche d'occuper toute la côte jusqu'à la limite 5°12' que réclame le Portugal.

Malgré le traité conclu avec Manipembo, l'Association internationale n'a pas hésité à se faire concéder par lui des territoires qu'il avait précédemment placés sous notre protectorat. Il en est de même sur le Quillou; partout où nous nous présentons, nous rencontrons les agents de Stanley qui contrecarrent nos projets et ameutent les noirs contre nous. Au nord de ce fleuve, le littoral est presque inabordable et la navigation difficile; on n'y rencontre que trois rivières sans importance : le Longebanda, le Kilongo et le Makunda. Le Quillou, au contraire, dont la rive gauche nous appartient, est en partie navigable, M. Cordier l'a remonté pendant une cinquantaine de milles. Mais là encore nous nous heurtons aux établissements anglo-belgico-allemands. L'Association a fondé une station à un point appelé Majumba, au delà duquel commencent les rapides; elle en a établi une autre à Kakamoéka près de la première cataracte (1). Toutefois, M. Cordier a réussi à acheter un terrain sur la rive gauche du fleuve en aval de Majumba. C'est là que le lieutenant Mandron, chef de la mission française à Loango, a créé, quelques mois plus tard, un poste appelé Ngoton ou portes de Ngota et situé entre Majumba et Kakamoéka, à deux journées à vapeur de la mer. Notre station est donc enclavée entre les établissements de Stanley. « D'autre part, le Quillou est une route sans issue, car elle est barrée à son débouché à la mer et fermée à environ soixante-dix kilomètres de la côte par des rapides qui sont infranchissables (2). »

(1) *Le Temps* du 28 septembre 1883.
(2) *Id.*, ibid.

Plus au sud, sur la rive droite du Congo, l'Association internationale, qui dépense dans ce but des sommes énormes, a fait acheter par des commerçants à sa dévotion tous les terrains disponibles. Comme les routes qui portent le nom de chemin de Stanley sont également la propriété de la même société, on peut dire, sans exagération, que sur les rives du grand fleuve il n'est pas un pouce de terre que l'on puisse acquérir aujourd'hui.

De leur côté, les Portugais ne se contentent plus du 5°12'. Ils se sont avancés jusqu'à Massabé et ont même planté leur pavillon à Yumba ou Mayamba, au centre même de la ligne d'action de Brazza. Pour déterminer nettement par une limite fluviale les frontières du territoire qu'ils réclament, ils ont, après de longs et fréquents palabres, traité avec les noirs et occupé le Chiloango, cours d'eau situé au nord du parallèle 5°12' sud, et la contrée jusqu'à la rivière Luisa Loango. Ces deux rivières se réunissent près de Landana et se jettent à la mer à environ vingt milles de Ponta-Negra. Les différents articles du traité conclu avec le roi de Chiloango stipulent la prohibition de l'esclavage, la liberté commerciale et religieuse pour les étrangers, et garantissent aux traitants leur situation et leurs propriétés. Les Portugais ont en outre acheté des indigènes le protectorat sur Landana, ont établi là un délégué, mais n'ont pas encore pris possession de ce comptoir. Ils songent, d'autre part, à se frayer une route de l'Angola jusqu'à Stanley-Pool par la vallée du Cuango, affluent du Congo, et à détourner ainsi vers Ambriz le commerce du haut fleuve.

L'Angleterre aussi se ménage une entrée en scène,

car tout le littoral de la baie de Yumba, située par la latitude de 3°30', a été acheté par un sujet anglais, M. Evans, moyennant une rente de quelques centaines de dollars. Par une seconde convention, ratifiée également par les chefs du pays, le commandant de la division anglaise s'engage à les protéger et à régler leurs différends avec les étrangers. Le capitaine de l'*Olumo* avait pour instructions d'acquérir là du terrain et d'y fonder une station. M. Evans, en bon négociant, consentait à vendre, mais à des prix tellement élevés, qu'on n'a pas conclu (1).

D'ailleurs, toute cette région, qui s'étend de l'embouchure du Quillou au Congo, paraît devoir ménager à ses possesseurs bien des déceptions. Elle est loin d'être aussi riche qu'on l'avait supposé. « Les porteurs y font défaut, les bêtes de somme n'y vivent pas; le caoutchouc qu'on y exploite sans ménagement s'épuise vite. » Il en sera bientot de même sur le haut Congo où les indigènes sont mal disposés et très défiants. Une poule se paie une pièce de mouchoirs rouges, et l'ivoire se vend aujourd'hui presque aussi cher à Stanley-Pool qu'à l'embouchure du grand fleuve.

Les conséquences de ces diverses occupations n'ont pas tardé à se produire.

A la suite de traités conclus avec les indigènes par les agents de l'Association internationale, le capitaine Grant Elliot des armées de Sa Majesté britannique vient d'être nommé (2) administrateur des

(1) *Le Temps* du 8 janvier 1884.
(2) *Id.*, avril 1884.

provinces du Quillou-Niari dont la superficie est au moins égale à celle de l'Angleterre. Le Comité belge des études du haut Congo s'empare de toute la côte entre la latitude 2° et 4°40' sud, en sorte que toute extension au sud de l'Ogowé nous est désormais interdite. D'un autre côté, la baie de Loango, que nous avons occupée l'an dernier, est enclavée entre les possessions de l'Internationale africaine et celles que le traité récemment conclu à Londres reconnaît au Portugal.

Naguère divers journaux anglais, et des plus autorisés, proposaient d'abandonner à la France tout le terrain s'étendant de la rive droite du Congo au Gabon, à la condition que nous reconnaîtrions en échange la souveraineté de l'Association. C'était un territoire de 130 lieues en latitude sur plus de 400 en longitude que l'on nous offrait. Nous aurions été sans compétiteurs entre le Niari et l'Ogowé. Aujourd'hui, c'est justement dans les parages que l'on déclarait vouloir nous céder que l'on s'établit, pour nous punir sans doute d'avoir montré peu d'empressement à accepter les propositions anglo-belgico-allemandes.

Ce n'est d'ailleurs point sans difficultés que des Européens, quels qu'ils soient, s'acclimateront sur cette côte où le soleil est dangereux et la chaleur accablante. Les forêts qui bordent le rivage sont infestées de moustiques, de scorpions, de chats-tigres, de panthères et de serpents, tandis que les hippopotames et des caïmans longs de trois mètres se vautrent dans la vase des fleuves et des marais.

L'expédition française, qui a eu beaucoup à souffrir dans ces parages, y rencontrera peut-être des adversaires plus redoutables que la fièvre et les animaux sauvages dans la personne des Cabindes qui habitent la région s'étendant du Congo à Ponta-Negra. Sur ces rivages où naguère un homme se vendait quarante francs, l'indigène est fort défiant. Si des difficultés surgissent avec les Européens, aussitôt que les fusils ont parlé, il s'enfuit au fond de ses forêts. Les Cabindes que la superstition et l'ivrognerie ont abrutis croient aux fétiches, et tout imprudent qui enfreint leurs coutumes s'expose à une condamnation à mort. Ces sauvages, qui d'ailleurs sont assez habiles charpentiers et savent sculpter l'ivoire, refusent de voyager dans les pays occupés par les blancs. Ils sont persuadés que nous les mangeons. Bien qu'ils soient depuis de longues années en contact avec les Européens, ils n'ont pas fait un pas vers la civilisation. Ils continuent à traiter leurs femmes en esclaves et à vivre de rapines. A plusieurs reprises, et sans aucun prétexte, ils sont venus en force attaquer les blancs établis à Landana, comptoir situé à la limite des possessions portugaises, au fond d'une vaste baie, à l'embouchure du Chiloango.

Depuis que nous sommes établis sur cette côte, il a fallu faire acte de sévérité sur divers points. Ainsi à Loango les nègres, excités par leurs sorciers, ont attaqué le poste de la Pointe-Indienne ; mais M. Mandron était averti et ses laptots ont tué plusieurs hommes à l'ennemi. Aujourd'hui le calme est rétabli, et les indigènes, attirés par la sympathie que leur a témoignée M. de Brazza, semblent désireux de vivre en bonne intelligence avec nous.

Aussi, malgré quelques différends survenus avec les noirs, malgré les difficultés incessantes que lui suscite Stanley dans la zone comprise entre l'Ogowé supérieur et le Congo ainsi que sur la côte, la patriotique entreprise de M. de Brazza, commencée sous d'heureux auspices, semble devoir être menée à bonne fin. Le personnel de la mission est en bonne santé ; si les voyageurs ont pendant la saison des pluies à redouter les fièvres intermittentes, il n'y a le long de l'Ogowé ni maladie de foie ni dyssenterie. Dès qu'on a franchi la bande de palétuviers qui bordent la côte, le climat devient sain. Sur beaucoup de points il est moins débilitant que celui de la plupart de nos colonies (1).

Aussi, le plan conçu par M. de Brazza se réalise et se développe sinon sans fatigues, du moins sans rencontrer jusqu'ici d'obstacles insurmontables. Les reconnaissances poussées dans diverses directions par les énergiques lieutenants du commissaire de la République française ont rassuré nos amis et ont rapporté des stations de l'Ogowé, comme de celles de la côte, des nouvelles satisfaisantes. Le lieutenant de vaisseau Decazes, chef d'état-major de M. de Brazza, est allé surveiller l'installation de Lambarené dépendant de la station de N'jolé. De là il a remonté

(1) D'après le docteur Van Dankelmann, qui a fait à Vivi de nombreuses observations, la saison la plus agréable au Congo serait celle comprise entre juin et septembre. Bien que le ciel ne soit presque jamais voilé par les nuages, la température n'est pas incommode ; d'octobre à mai, au contraire, la chaleur est tellement intense que les incendies, qui sont fréquents, dévorent d'immenses espaces de prairies.

sans encombre l'Ogowé. Rentré au Gabon, il avait mission d'en ramener le complément de matériel apporté par la *Seudre* et l'*Olumo*. Il devait avec ce convoi, attendu à la fin de juillet, aller rejoindre M. de Brazza sur le haut Ogowé. Il a pu tenir la promesse faite au chef de l'expédition, car, dès le commencement de juin 1883, le transport la *Garonne* est parti d'Alger emportant 27 tirailleurs algériens commandés par M. Manchon, lieutenant au 12e chasseurs à cheval. Cette petite troupe est destinée à servir d'escorte au jeune et héroïque voyageur. Vers la même date, l'*Olumo* quittait Cherbourg sous le commandement de l'enseigne de vaisseau Laporte, jeune homme plein d'avenir et aussi brave qu'énergique. Ce bâtiment, qui emportait une foule d'objets destinés à être offerts en présents aux chefs indigènes, a pris à Dakar une quarantaine de nègres qui vont renforcer l'expédition du Congo.

D'autre part, à la fin de novembre 1883, le *Niger*, paquebot-poste partant de Bordeaux, a emporté M. Dufourcq qui est désigné pour être le second de M. de Brazza dans toute la région maritime dont il aura la surveillance, M. Laboyrie, ancien élève de l'Ecole centrale, MM. Faucher, Costa, Didelot, Manas et Fromont, qui seront répartis dans les divers postes du littoral et de l'Ogowé.

Ces renforts ne sont point nécessités par une agitation toute factice et toute superficielle signalée au début chez les indigènes; ils n'ont d'autre but que d'activer les travaux de la mission, car aujourd'hui le calme règne sur le littoral comme à l'intérieur. Une première fois, l'aviso le *Voltigeur* a visité la côte qui s'étend entre Ambriz et le cap Lopez. Tout était tranquille. A son tour, l'enseigne de vaisseau Laporte est venu, au commencement de novembre 1883, prendre quelque repos à la station de Lopez. Il l'a trouvée prospère. On y a construit des cases pour loger les officiers et les kroumens, et quatre magasins où sont installés des marchandises et le dépôt de matériel du ravitaillement des postes de l'Ogowé.

L'emplacement paraît fort bien choisi pour devenir un centre commercial. Cet excellent mouillage, défendu par quatre blancs et cinquante noirs, constitue en outre une espèce de sanitorium où ceux de nos agents éprouvés par les fièvres viennent respirer l'air de la mer.

Si notre situation sur la côte est bonne, elle ne l'est pas moins dans l'intérieur. Arrivé le 21 avril 1883 au Gabon, M. de Brazza y présida au débarquement des munitions, des marchandises et des cadeaux de troc. Après quelques jours de repos, il alla visiter les postes de Loango dont le *Sagittaire* avait pris possession, et à son retour il fit immédiatement les préparatifs nécessaires pour remonter l'Ogowé, car il avait hâte de se mettre à l'œuvre. Déjà il venait d'envoyer en avant MM. de Montagnac et Michelet fonder, avec vingt laptots, le poste de l'Alima, affluent du Congo supérieur. En route il rencontra M. de Lastours, parti de France en décembre 1882, qui venait au-devant de lui avec une flottille de 60 pirogues montées par 800 pagayeurs Adouma. Continuant sa route, il passa de nouveaux traités avec les chefs des tribus riveraines qui promirent de fournir des piroguiers et des soldats pour l'escorte de l'expédition. En même temps, il réveillait chez les indigènes les sympathies qu'il avait rencontrées lors de son dernier voyage et fondait de nouvelles stations hospitalières. Il remonta ainsi sans la moindre difficulté l'Ogowé et la Passa jusqu'à Franceville. M. Dutreuil de Rhins, parti en janvier 1883 avec l'expédition et qui a accompagné l'explorateur jusqu'à quelques journées de marche de cette station, est rentré en France et a communiqué aux sociétés de géographie et à la presse les nouvelles les plus rassurantes.

Les compagnons de M. de Brazza sont pleins de confiance et d'entrain. Cinq postes ont été fondés le long de l'Ogowé : près du cap Lopez, à Lambaréné, au pied des premiers rapides, à N'jolé placé comme Lambaréné sous la direction de M. Kéraval, entre Achouka (chez les Okandas) et les Adouma près des chutes de Booué, enfin à Nghémé chez les Adouma. Depuis le second voyage de notre intrépide compatriote, nous possédons une station sur l'Alima, en sorte que nous sommes maîtres de la voie navigable qui conduit au Congo moyen. Les pagayeurs et les hommes d'escorte que les tribus riveraines se sont engagées par traités à nous fournir, les vivres et les ressources que nous trouverons dans ces stations, nous permettront de franchir sans trop de difficultés l'espace de 850 kilomètres qui s'étend de Franceville à l'Atlantique.

Il sera toutefois prudent de veiller sur nos nouveaux établissements et de faire bonne garde, car en rentrant en France M. Dutreuil de Rhins a pu s'assurer que Stanley, qui ne néglige rien pour nous aliéner les sympathies des indigènes, renforce son personnel. Notre compatriote a assisté au départ pour le Congo de 250 à 300 Haoussas armés de fusils à tir rapide et commandés par des officiers anglais, ce qui porte l'armée dont dispose l'audacieux Américain à 1800 noirs Zanzibarites, Cabindes ou Haoussas et 120 blancs. M. de Brazza n'a avec lui que 86 blancs et 350 noirs ; chaque station qu'il fonde diminue son personnel, devenu tout à fait insuffisant.

Heureusement M. de Brazza et ses héroïques compagnons ne sont point gens à se laisser décourager par les difficultés qu'on leur suscite. Le chef de la mission a comme toujours marché en avant sans tenir compte des obstacles. Il a dû mettre quarante-cinq jours pour effectuer la montée de l'Ogowé et arriver à Franceville, et ce n'est que le 25 août 1883 qu'il a atteint le Diani, affluent de l'Alima, dans le pays des Batékés, où son collaborateur M. Ballay a fondé une station hospitalière. Le courageux docteur qui, dès le 23 juillet 1883, a commencé l'exploration de l'Alima, l'avait prié de venir le rejoindre pour l'aider dans ses négociations avec les Apfourou. Cette peuplade farouche, qui a si mal accueilli la première expédition, signa avec nous, après de longs pourparlers, un nouveau traité de paix. M. de Brazza regagna Franceville, et le docteur Ballay accompagné de N'doumbi, chef des Apfourou, de M. Jacques de Brazza et du sergent Malamine, descendit l'Alima jusqu'à son confluent avec le Congo qu'il place par 1°33' de latitude sud et 14°30' de longitude est, « ce qui reporte de près de trois degrés à l'ouest le cours du grand fleuve, tel qu'il avait été tracé sur la carte de Stieler d'après les premières observations de Stanley ». Le docteur Ballay, à qui cette exploration fait le plus grand honneur, écrit que, dans sa partie inférieure, l'Alima prend le nom de M'bossi, et que l'on rencontre dans toute cette contrée l'ivoire en masse et de belle qualité. En continuant sa route vers les états de Makoko où le chef de l'expédition, retenu quelque temps à Brazzaville, doit bientôt le rejoindre, M. Ballay a pu constater que les sympathies des indigènes à l'égard des Français sont toujours aussi vives. Makoko, en particulier, lui a témoigné la plus entière fidélité à la France; il a résisté à toutes les démarches qui ont été faites auprès de lui; il a finalement rompu toutes relations avec les agents de Stanley et il attend avec impatience l'arrivée du grand chef blanc. Quant aux autres chefs qui ont été en relations avec M. de Brazza, ils ont reçu de nombreux cadeaux, mais on n'a pu les décider à violer leurs engagements. Pendant quelque temps toutefois, les agissements de Stanley ont réussi à ameuter les noirs contre nous, car le P. Augouard et M. Dolisie ont été mal accueillis à Brazzaville. On ne leur a pas permis de s'établir dans la contrée et ils ont dû aller camper sur les rives du Congo, à cinq heures de marche de Stanley-Pool où une mission catholique a été fondée. De son côté, M. de Brazza n'a atteint Brazzaville qu'après avoir éprouvé les plus grands désagréments suscités par Stanley et par M. Valcke, officier du génie belge, l'homme de confiance de l'audacieux Yankee. M. Braconnier, officier belge, aurait été révoqué par Stanley dont il n'avait pas épousé avec assez de passion les griefs imaginaires contre la mission française. Si ces faits sont confirmés, il ne serait peut-être pas inutile de rappeler à l'agent général du Comité d'études du haut Congo que M. de Brazza n'est pas un commerçant comme lui, mais bien le commissaire du gouvernement de la République française.

Heureusement, M. de Brazza n'est pas homme à s'effrayer de ces menées. Pendant que Stanley, remontant le Congo, poursuivait son système de colonisation à main armée, il continuait sa mission civilisatrice. Suivi de trente blancs seulement il parcourait le bassin de l'Alima et nouait les meilleures relations avec les peuplades qui l'habitent. En septembre dernier, il se trouvait à Lékéti, sur un affluent de l'Alima, dans une riche contrée dont le climat est sain. Avant de descendre lui-même vers le Congo, il envoyait en avant des éclaireurs qui, partis de Franceville, ont traversé sans trop d'encombre les villages Apfourou et sont arrivés, après un trajet de 500 kilomètres, dans les états de Makoko où ils ont reçu le plus cordial accueil. A leur retour, ils ont traversé Ibari N'coutou, station de l'Association internationale, qui paraissait abandonnée, et ont appris que les indigènes du voisinage de Bolobo, autre poste de l'Association internationale, s'étaient soulevés à deux reprises, et que le commandant du poste n'osait sortir par crainte qu'on ne lui fît un mauvais parti. Franchissant le Congo, qui en cet endroit ressemble à un lac, ils ont, en remontant vers le nord, reçu l'hospitalité des chefs Batékés, Mpomo et Nganchou. On avait dit que ce dernier était gagné à la cause de Stanley et qu'il avait passé un traité avec lui pour s'opposer à toute annexion de la part de M. de Brazza. Il ressort au contraire de deux lettres (1) de l'un des membres de la mission française que tous les chefs Batékés nous sont restés fidèles. Comme ces lettres contiennent des détails intéressants sur la contrée qu'arrose l'Alima supérieur et sur la vie qu'on y mène, nous en donnons ici une analyse et quelques extraits.

Parti de Franceville pour Diété, l'auteur a traversé un pays relativement peuplé et des plus pittoresques. Aux plaines sablonneuses succèdent des collines aux formes bizarres du haut desquelles on jouit d'une vue admirable sur des vallées riantes et qui pourraient devenir fertiles, car les herbes y atteignent la hauteur d'un homme à cheval.

Après quelques jours de marche, on quitte le pays des Obamba, qui sont grands parleurs, pour entrer dans celui des Batékés. Les indigènes de cette dernière peuplade, moins bavards que leurs voisins, sont en revanche beaucoup plus superstitieux. Ils ont foi en la puissance des amulettes et croient que celui qui a du feu dans sa case n'a rien à craindre de la foudre. Les Batékés sont anthropophages comme les Ossyéba. « A l'âge de cinq ou six ans, on taille les dents aux enfants, si près de la racine, qu'à peine les aperçoit-on. Les gens de cette tribu sont très jaloux de leurs femmes, lesquelles d'ailleurs sont très laides. — Les villages sont tous placés sur des hauteurs et accolés à des bouquets d'arbres. L'intérieur de ces villages est planté de palmiers,

(1) *Journal des Débats* du 29 août 1884.

et les cases sont construites sans aucun ordre ; un village de trente cases occupe parfois un espace d'un kilomètre. »

Parvenu au poste de Diélé, le voyageur constate avec regret la rareté des provisions. « Heureux, dit-il, ceux qui peuvent se procurer des bananes ! Tout a été expédié au Congo où Stanley a fait tellement hausser les prix qu'il nous sera impossible de lutter avec lui. » En somme, ajoute-t-il, le pays serait, malgré la privation de vivres frais, assez agréable si l'on n'était pas dévoré par les puces et les chiques.

Après trois jours de repos, l'auteur, dont les jambes étaient couvertes de boutons, se fit porter en hamac jusqu'aux bords de l'Alima où il attendit tout un jour une pirogue promise par les Apfourou. « Les gens de cette tribu viennent à Lékéti acheter de grandes quantités de manioc qu'ils fabriquent sur place et qu'ils expédient ensuite au Congo. C'est l'objet d'un commerce considérable et d'où dépend en grande partie l'alimentation des peuplades riveraines du Congo. Nous tenons donc dans nos mains le grenier du Congo ; le jour où nous le voudrions nous pourrions empêcher le manioc d'y être transporté. C'est ce qui donne à cette région une importance considérable. Maîtres du bassin de l'Ogowé et des rivières qui se jettent dans le Congo, nous ne pouvons manquer d'exercer sur ce fleuve une influence décisive. C'est ce que notre mission mettra, je crois, en complète évidence. »

Le voyage de Diélé à Lékéti se fait en pirogue et dure six heures. « A Lékéti, dit l'auteur, nous ne sommes pas très nombreux : deux hommes dont l'un est interprète, trois femmes qui font de la farine de manioc, mon domestique, un laptot et moi. On trouve aisément des vivres, du manioc, de l'oseille, des pistaches, du vin de palme » ; mais le pays est triste : c'est une grande plaine coupée de bouquets de bois. Il y fait parfois assez froid le soir et le matin pour qu'on soit obligé de se couvrir.

Les Batékés recherchent surtout les perles rondes en verre bleu. « Ici, presque tout s'achète avec des perles ou de la poudre, et il est curieux de voir l'amour des noirs pour le bleu. C'est la couleur qui a le plus de succès auprès d'eux. L'endroit où je suis habituellement et qui me sert de salle à manger est fermé tout simplement jusqu'à hauteur de ceinture, de sorte que du dehors on n'a qu'à s'y accouder pour voir tout ce qui s'y passe. Lorsque le marché est fini, la mode est de venir se mettre là pour regarder le *Tara* (*père*) pendant des heures. A la longue, cette attention qui s'attache à chacun de vos actes devient très fatigante. Souvent, je suis obligé de m'en aller pour y échapper. Il ne faut pas brusquer les indigènes ; il sont très craintifs et on doit les traiter avec beaucoup de douceur, autrement aucun d'eux ne reviendrait, et l'on serait fort embarrassé pour vivre. »

Rassuré sur les bonnes dispositions des indigènes par ses lieutenants, qui l'avaient tenu au courant de tout ce qui survenait d'important autour des divers postes établis le long de l'Ogowé et de l'Alima, le chef de la mission française s'est mis en route, et en février dernier il était arrivé sur le Congo au poste situé à 130 milles au-dessus de la station de Bolobo.

Le docteur Ballay.

6

Il savait que le Makoko attendait impatiemment son retour ; il avait appris également que sollicité à diverses reprises de nous abandonner, ce prince avait repoussé les propositions de nos rivaux et s'était borné à dire à nos agents : « Lorsque mes sujets viennent me voir, ils sont tout couverts de vêtements de soie. Moi seul n'ai rien ; mais je n'ai qu'une parole, je la tiendrai. Seulement, lorsque M. de Brazza viendra, qu'il m'apporte quelque chose de si beau que Stanley ne puisse rien donner de pareil. » Le chef de la mission française n'a pu sans doute réaliser pleinement les vœux de Makoko, et cependant il a été reçu en ami.

Parti de N'ganchouno, sur le Livingstone, avec deux blancs et un détachement de noirs, M. de Brazza se dirigea vers les états du Makoko, qui est toujours sur le trône, quoi qu'on en ait dit. Le commissaire de la République française, accompagné du docteur Ballay, arriva sans encombre à destination. A peine était-il de retour dans leur pays, que les chefs des deux rives vinrent le voir, arborant en tête de leurs troupes les drapeaux tricolores qu'il leur avait distribués à son précédent voyage. Après quelques jours consacrés au déballage des cadeaux, M. de Brazza et son frère, le docteur Ballay et M. de Chavannes se mirent en route, précédés d'un piquet d'honneur, de musiciens, de porteurs de dais et de féticheurs, les ambassadeurs s'avançaient au milieu du cortège flanqués de hallebardiers ; les porteurs de cadeaux fermaient la marche. L'arrivée du plénipotentiaire français fut saluée par le vacarme assourdissant des tam-tam. Au bout d'un quart d'heure d'attente, la porte du palais du Makoko s'ouvrit et livra passage aux familiers du souverain et à ses femmes « portant chacune, qui la pipe du Makoko, qui son verre à boire, qui la cloche qu'on sonne lorsqu'il boit, qui l'étoffe dont il se couvre pour cette cérémonie (car c'est une véritable cérémonie que la manière dont les chefs boivent ici), qui son tabac, son briquet, les fétiches, etc. » Derrière ce flot de monde, assez mêlé et très peu vêtu, s'avançait le Makoko, souriant à M. de Brazza et marchant gravement sur la pointe des pieds (ce qui est là-bas le comble de la distinction).

Le grand roi s'assit sur une peau de lion parmi ses femmes, ayant à sa droite la belle Ngassa, ancien majordome de M. de Brazza, femme de tête qui paraissait toute fière d'avoir fait tomber la royauté en quenouille.

Au bout d'une minute le Makoko se leva, alla tendre la main à M. de Brazza et, l'enlaçant à bras le corps, il se livra à des étreintes et à des embrassements tels qu'on l'aurait cru fou de joie. Quand le Makoko fut quelque peu remis de son émotion, il s'adressa en ces termes à ses fidèles sujets : « NGANIOU, NGAGNIOA (*ce que je vais dire est vrai*). Et le peuple de répondre en chœur : NGAGNIOA *mela* (oui, c'est vrai). Alors le Makoko chantant (je traduis littéralement) : Vous tous qui êtes là, voyez! Celui qu'on avait dit perdu, celui qu'on avait fait mort en disant qu'il ne viendrait plus, il est là. On avait dit qu'il était pauvre, regardez ces riches marchandises! Ceux qui ont dit ça sont des menteurs ! — Et la dernière phrase constitue le refrain que le peuple répète.

« Le lendemain eut lieu la remise solennelle du traité, cérémonie à laquelle assistaient les principaux vassaux (1). »

Makoko prit ensuite les mesures nécessaires pour faire exécuter le traité qu'il avait signé deux ans auparavant, et il choisit pour aller faire reconnaître la suzeraineté de la France sur les bords du Stanley-Pool Mpoutaba lui-même, ce faux Makoko qu'on avait représenté comme l'usurpateur parce que, dans un moment de faiblesse, il avait accepté le protectorat de l'Association qu'il dénonça bientôt. En effet, dans un palabre tenu près de Brazzaville, il rendit en même temps que plusieurs chefs de la rive gauche hommage au Makoko et à la France.

Quant à M. de Brazza, pendant son séjour chez le grand chef des Batékés, il s'efforça d'aplanir le différend survenu avec les agents du Comité d'études du haut Congo établis à Léopoldville, au sujet de la souveraineté de territoires situés sur la rive gauche du Livingstone.

On est en droit de se demander comment l'entente ne s'est pas faite, puisque Stanley a déclaré à son retour en Europe qu'il a donné ordre à ses agents de laisser libre le territoire appartenant au Makoko. Il a, dit-il, réservé à la mission française une bande de terrain d'une étendue de 580 kilomètres entre la rivière Gordon Benett et Bumba, tandis qu'au mépris des ordres reçus de Paris, M. de Brazza aurait, prétend-il, vainement tenté de s'établir sur la rive gauche du Stanley-Pool où personne ne reconnaît l'au-

(1) Journal *le Matin*.

torité du Makoko. Jamais, ajoute-t-il, l'Association n'a empiété sur les droits des Français. Dans une autre conversation, il déclare même que le comité belge-africain est disposé à nous céder tout le territoire qui s'étend du Gabon au Niari. La vérité est que les agents de l'Association refusent de venir aux palabres pour y discuter avec les indigènes les droits qu'ils prétendent avoir sur la rive gauche du fleuve, et que la seule fois qu'ils y ont paru ils ont affirmé que leurs interprètes traduisaient tout autrement que les nôtres les déclarations des noirs à ce sujet. Quant à M. de Brazza, il est si loin de susciter des difficultés à l'Association, qu'il a répété au capitaine Hanssens, l'un des lieutenants de Stanley, le mot de M. le président Grévy avant l'entente qui a été conclue entre la France et le Comité d'études du haut Congo : « Si les deux expéditions ne peuvent se considérer comme des sœurs, elles doivent au moins se considérer comme cousines germaines. » M. de Brazza a toujours mis ses actes d'accord avec ses paroles.

Stanley, que la jalousie dévore, parle tout autrement. « Je me permettrai, écrit-il dans une lettre que tous les journaux ont reproduite, d'appeler l'attention de M. de Brazza sur les nombreuses tonnes de provisions et sur les marchandises qui moisissent et se perdent derrière lui, à l'embouchure de l'Ogowé. Qu'il s'occupe aussi un peu de ses voies de communication qui sont assez menacées entre l'Ogowé et Brazzaville ; qu'il achève les routes entre la mer et les stations qu'il a fondées à Ganchou et au confluent du Lékéti. J'aurais pu, ajoute-t-il, indiquer aux Français un territoire mieux approprié à leur entreprise que le pays du Makoko, mais je sais qu'on eût mal interprété mon ingérence. »

Si le personnel du poste de Diélé sur l'Alima est réduit, faute d'avoir du thé et du café en quantité suffisante, à manger des feuilles de manioc qui, une fois cuites, ressemblent à nos épinards, à Lékéti on trouve facilement des vivres; les stationnaires le déclarent bien haut dans des lettres récemment publiées (1). D'autre part, M. Dolisie, accompagné de nombreux porteurs, s'est mis en route par la vallée du Niari pour ravitailler les stations.

Enfin M. Dutreuil de Rhins, représentant de la mission Brazza à Paris, répond aux perfides insinuations de Stanley par une lettre où il déclare « que ce qui a été publié d'accusations dirigées contre les agents de Stanley et leur animosité contre la mission Brazza n'est que le résumé très adouci des rapports de M. de Brazza et de ses lieutenants. M. Dutreuil de Rhins ajoute que le matériel et les provisions qui ont pu subir quelques avaries au début de la mission sont maintenant emmagasinés en excellent état au cap Lopez, et que la voie de communication par l'Ogowé et l'Alima n'est nullement menacée. » M. de Brazza a trouvé des détracteurs jusque dans sa patrie d'adoption. On l'a accusé de témérité et d'impuissance; on lui a reproché de travailler moins pour la France que pour les intérêts catholiques; on a dit qu'il abandonnait les postes qu'il avait créés; que plusieurs de ses agents commettaient des malversations criantes.

(1) *Journal des Débats* du 29 août 1884.

On peut répondre aux adversaires de M. de Brazza que dans toute expédition lointaine « les difficultés réelles sont toujours plus grandes que les difficultés prévues, que les bonnes volontés, ardentes au départ, se détendent et se lassent (1) ». Ce sont les découragés et les vaincus dans la lutte contre l'inconnu qui, aussitôt qu'ils ont remis le pied sur l'asphalte du boulevard, pour expliquer et, s'il se peut, justifier leur retour, répandent ces accusations dans la presse. Si quelques malversations ont été commises par des employés subalternes, elles s'expliquent par l'impossibilité d'exercer à d'énormes distances le moindre contrôle sur un personnel aussi considérable. D'un autre côté, si l'on compare l'allocation votée à M. de Brazza par les Chambres françaises (1,600,000 francs au total) aux dix millions fournis si généreusement à l'Association internationale africaine par le roi des Belges, on comprendra que, ne disposant que d'une somme modeste pour faire vivre son personnel et distribuer des cadeaux à ces pauvres chefs nègres (qui n'avaient reçu jusqu'ici de Stanley que des coups de fusil), il est difficile au chef de la mission française d'être prodigue. Il y a d'ailleurs, comme l'a fort bien expliqué M. Dutreuil de Rhins (2), une énorme différence entre descendre le fil de l'eau, comme l'a fait Stanley dans son premier voyage, et le remonter comme le fait M. de Brazza. Dans l'ouest africain, les fleuves sont les seules voies de communication ; par terre, on ferait

(1) *Progrès de l'Est* du 12 juillet 1884.
(2) *Conférence faite à la Société de géographie de l'Est.*

tout au plus trois ou quatre lieues par jour en s'ouvrant à grand peine un chemin à travers d'immenses forêts vierges. On construit facilement des pirogues, mais il est difficile de former des piroguiers adroits (M. de Brazza dispose aujourd'hui de 1500 pagayeurs) ; il est plus difficile encore de former un corps d'interprètes et, sans le concours de ces derniers, toute relation est impossible avec les noirs qui, jaloux de garder le monopole du commerce de leur contrée, refusent aux Européens toute espèce de renseignements. Il faut préposer à la garde de chaque station que l'on fonde un personnel de police, choisi d'ordinaire parmi les laptots, laisser là quelques kroumens pour cultiver le sol et deux Européens au moins pour surveiller le poste et diriger les travaux agricoles. Si les agents supérieurs eussent été des officiers, dit M. Dutreuil de Rhins, la dépense n'aurait pas été inférieure à six millions par an. Quant aux profits que notre pays tirera de cette mission, on peut répondre aux personnes qui se montrent trop impatientes de les escompter que la récolte ne se fait point avant les semailles, surtout dans les contrées récemment occupées. D'ailleurs, l'habile et courageux explorateur a exposé à diverses reprises les immenses avantages commerciaux qui résulteront du succès de son entreprise, si les commerçants français veulent bien coopérer par leurs capitaux et par leur esprit d'initiative à l'œuvre du gouvernement.

En résumé, la situation acquise a été maintenue et sur certains points améliorée et développée. M. de Brazza a conclu de nombreux traités avec les chefs indigènes sur la route du Gabon au Congo et cherche une voie plus directe que celle de l'Alima et de l'Ogowé, pour aller du Congo aux possessions françaises de la côte. Le levé de l'Ogowé est terminé, ainsi que celui de la partie du pays qui s'étend entre ce fleuve et l'Alima.

Bien que dans le voisinage de la côte, par suite de l'hostilité des traitants, il soit assez difficile de se procurer des vivres; bien que nos compatriotes aient été éprouvés par des fièvres qui n'ont d'ailleurs causé la mort que d'un seul matelot; bien que plusieurs tribus nègres refusent de travailler et de fournir à nos chefs de poste des pagayeurs, douze nouvelles stations ont été fondées. Le docteur Ballay a exploré le cours de l'Alima dans toute son étendue. M. Mizon, parti de Franceville pour la côte, s'est dirigé vers la rivière Quillou à la recherche d'une voie carrossable. Il a étudié et reconnu la ligne de séparation entre le bassin de l'Ogowé et celui du Niari. Selon lui, c'est à la station de l'Alima que devra aboutir la route de terre qui conduira de l'Atlantique au Congo. D'autre part une seconde route nous est ouverte et nous appartient tout entière. Les cinq postes créés de la côte à Franceville nous permettront de franchir aussi rapidement que possible la distance de 850 kilomètres qui sépare ces deux points. Comme nous possédons une station sur l'Alima qui est navigable et conduit au Congo, nous sommes donc maîtres de la voie jusqu'ici la meilleure et la plus sûre pour atteindre l'intérieur du noir continent. C'est là un résultat considérable et qui fait le plus grand honneur à M. de Brazza et à la rare énergie de ses collaborateurs.

Tout entier occupé aux travaux d'exploration et d'installation, le personnel de la mission française n'a pu reprendre immédiatement l'étude détaillée de la région ; mais M. Dutreuil de Rhins, secrétaire de l'expédition, promet de communiquer prochainement à la Société de géographie de Paris de longs et intéressants mémoires des stationnaires de l'Ogowé, de l'Alima et du Congo. Toutefois, comme les ressources dont disposent nos vaillants compatriotes seront bientôt épuisées, les Chambres viennent de leur accorder un nouveau crédit de 780,000 francs. Cette dépense est modeste comme le but que nous poursuivons. L'expédition française, qui veut avant tout se concilier les sympathies des indigènes, n'a pas pour mission de conquérir de nouveaux territoires. Elle cherche à créer des stations d'expansion et à nous ouvrir de nouveaux débouchés. Elle est surtout scientifique et humanitaire. Aussi, elle est placée sous la direction du ministère de l'instruction publique. Si le ministère de la marine l'aide par la présence et le concours de ses navires, il n'a sur elle aucune action directe.

Tout autre nous semble le but que poursuit l'Association internationale qui dépense royalement l'argent qui lui est royalement servi. Si, comme elle le prétend, elle n'a pas à se plaindre de la conduite de son représentant, elle n'a assurément pas à se louer de ses talents d'administrateur. La mission de contrôle confiée à sir Fréderick Goldsmith a démontré que le gaspillage est effrayant sur les rives du Congo. On sait aujourd'hui, à n'en pas douter, que les fameux escaliers de Stanley, à peine praticables pendant la saison des pluies, sont un gouffre, et que les résultats économiques sont loin d'être proportionnés aux dépenses faites.

D'autre part, le Yankee audacieux, que l'on voit partout suivi d'une escorte de princillons nègres et dont l'équipage ressemble plus à celui d'un roi qu'à celui d'un explorateur, a toute une armée à nourrir. Son personnel, qui a les dents longues, se compose de 128 blancs et de 1800 noirs (1). Il a une flottille de 30 embarcations et règne sur 30 stations. L'Association, qui veut devenir une puissance souveraine et qui vient d'être reconnue comme telle par les Etats-Unis, fonde sans cesse de nouveaux postes. Six ont été récemment créés au delà de Stanley-Pool : à Léopoldville où elle a l'intention de construire un fort, à N'gobila, à N'cona sur la rive gauche du Congo ; à Bolobo, centre important pour le commerce de l'ivoire, où le stationnaire est un Français ; à Lukotéla, occupé par un Anglais, et à Ikelemba.

Dans les derniers mois de 1883, Stanley a visité en véritable pacha, suivi de deux cents hommes d'escorte, toutes ces stations et exploré le cours de l'Aruwimi.

Partant de Léopoldville, situé sur la rive gauche du Congo, en face de Brazzaville, avec trois embarcations et une baleinière, il a traversé Bolobo, fondé le poste de Lukotéla et remonté le fleuve jusqu'à Equateur-station, dernier établissement de l'Asso-

(1) Parmi les blancs, on compte 40 Belges, 39 Anglais, 23 Suédois, 11 Allemands.

ciation, situé à quelques minutes au sud de l'équateur. Continuant sa route, il atteignait le confluent de l'Aruwimi. Jusque-là, les indigènes avaient fait bon accueil à l'expédition et signé avec l'explorateur des traités qui lui concédaient divers territoires; mais à partir de ce point, il entrait dans la région où il avait eu à livrer en 1877 de si terribles combats; aussi n'avançait-il pas sans appréhension au milieu de populations farouches et défiantes. Grâce à de nombreux cadeaux et à la présence de ses trois vapeurs, qui avaient fait grande impression sur les indigènes, il put entrer en relations avec les chefs et camper dans leurs villages. Mais quand il parla d'explorer l'Aruwimi, les riverains l'en détournèrent. « Remontez la grande eau, lui dirent-ils, et nous vous donnerons une dent d'ivoire et une femme. »

Stanley ne tint aucun compte de ces conseils intéressés et la flottille remonta l'Aruwimi, un des plus importants tributaires de la rive droite du Congo. On reconnut que ce cours d'eau n'était autre que l'Ouellé du docteur Schweinfurth. La contrée qu'il arrose est fertile et très peuplée; les villages y sont nombreux; les naturels, craintifs et sauvages, mais honnêtes et travailleurs. L'ivoire est abondant dans toute cette région.

On parcourut sans trop d'encombres 315 kilomètres sur l'Aruwimi; mais au village de Yambouya, on rencontra des rapides infranchissables et il fallut regagner le grand fleuve.

« On venait, pour la première fois, de délimiter la ligne de partage des eaux entre le Congo et le Nil. »

En remontant le Congo pour atteindre Stanley-

Falls, l'expédition rencontra une flottille d'environ mille canots montés par des chasseurs d'hommes venus du Soudan et qui, après avoir saccagé les villages et massacré tous ceux qui avaient fait résistance, emmenaient comme butin 1300 esclaves de tout âge et de tout sexe.

Stanley, convaincu par l'expérience que le moyen le plus sûr de tenir les négriers à distance est de fonder des stations hospitalières, en créa une dans l'île d'Ouena Rousani, au milieu d'une population paisible « qui travaille le bois, la terre et les plantes fibreuses avec beaucoup d'habileté (1) ».

Ce voyage de cinq mois a eu pour résultat de démontrer que Stanley-Falls est situé à proximité de Karéma, sur le lac Tanganika, la dernière des stations qui jalonnent la route du Zambèze à l'Afrique centrale, et que des rapides de l'Aruwimi à Gondokoro, sur le Nil blanc, la distance n'est que d'une centaine de lieues.

Au retour de cette exploration, Stanley s'est occupé de la réorganisation de son personnel dont le recrutement est devenu fort difficile. Les allures hautaines des Anglais ont blessé les Belges, au point que, dans plusieurs stations, ces derniers ont arboré le pavillon national au lieu de celui de l'Association. Aussi, l'élément belge qui ne nous était pas suffisamment hostile et qui, d'ailleurs, commence à faire défaut, a été remplacé par des officiers allemands et anglais. Ces derniers deviennent chaque jour plus nombreux. Les hommes d'escorte eux-mêmes se

(1) *Le Temps* du 8 mai 1884.

font rares. Les Zanzibarites, naguère si dévoués, et les kroumens, nègres vigoureux et sûrs mais détestés des indigènes de la côte, refusent les engagements pour l'intérieur, et il faut recourir aux Haoussas dont la vigueur et le sang-froid laissent à désirer.

D'un autre côté, le personnel de Stanley, qui est violent comme son chef, n'inspire aux noirs que de la défiance. On a dû mettre en état de défense un certain nombre de stations. Celle de Bolobo, située à 170 milles à l'est de Stanley-Pool et l'une des plus importantes, a été détruite par un incendie dû à la malveillance. L'illustre explorateur américain a failli périr dans le voisinage de ce poste sous les coups des nègres qui ont salué son passage par une décharge d'armes à feu. A Mayanga, quinze Zanzibarites ont été tués dans une lutte acharnée et cent cinquante indigènes sont restés sur le terrain. A Noki, sur le bas Congo, où le commerce d'importation est de dix millions et où les relations avec les Européens remontent à de longues années, l'Association a dû envoyer un corps mixte, composé de Français, de Portugais et de kroumens, pour maintenir dans le devoir les populations du voisinage qui viennent de repousser une première expédition. Une station belge sur le haut Niari a été également brûlée par les indigènes. Bien que le dédain avec lequel les kroumens traitent les autres noirs soit une des causes de ces révoltes, il est évident qu'il y a sur la côte et sur les rives du Congo un état d'irritation qu'il est urgent de surveiller.

Quoi qu'il en soit des projets de son agent général, l'Association est non seulement impuissante en face de ces soulèvements, mais elle redoute beaucoup plus la concurrence française qu'elle ne l'avoue; de temps à autre, quand un crédit est demandé ou va l'être aux Chambres, des agents de Stanley font circuler le bruit de la mort de Brazza ou annoncent qu'il est en vie, mais séparé de son escorte et cerné par les indigènes. On ajoute parfois comme variante que, chassé de Brazzaville ou de telle autre station, il a dû se réfugier à Stanley-Pool sous la protection de son rival. Mais l'opinion publique ne se laisse pas aussi facilement tromper qu'on le suppose; elle se dit que l'on ne montre de la malveillance qu'à l'égard des adversaires que l'on craint.

L'ennui du personnel des stations, qui vit dans un isolement absolu au milieu de populations défiantes, suffit peut-être à expliquer bon nombre d'accusations que les deux missions se renvoient. Le zèle maladroit de quelques agents subalternes, qui comprennent ou exécutent mal les ordres reçus, pourrait encore être allégué comme circonstance atténuante. Mais ce qui n'est pas douteux, c'est que la prudence et la modération sont de notre côté. C'est grâce à la patience, à la fermeté et à la finesse de nos agents, qu'aucun conflit n'a éclaté. De son côté, M. de Brazza a toujours témoigné à Stanley la plus grande déférence; il n'a jamais cherché ni à lui aliéner les sympathies des indigènes ni à entraver ses explorations ou ses projets; en un mot, fidèle aux instructions qu'il a reçues, il n'est jamais entré en rivalité avec lui. Aujourd'hui encore, il se déclare prêt à pardonner et à prêter main-forte à son adversaire. Néanmoins, à chaque instant des incidents profondément regrettables peuvent surgir; or, tout conflit entre le personnel des deux missions doit être évité. Une lutte à main armée serait non seulement une faute mais un crime. L'intérieur du noir continent est assez vaste pour que deux activités aussi puissantes, deux personnalités aussi expansives que celles de Brazza et de Stanley, puissent s'y donner libre carrière; d'ailleurs, en Afrique, les Européens sont solidaires, car, là comme en Chine, les indigènes ne sont pas assez perspicaces pour distinguer un Français d'un Belge ou d'un Allemand. Par suite des violences commises, ils sont devenus, surtout dans le voisinage des stations internationales, beaucoup moins faciles à diriger et à contenir qu'on ne l'avait supposé d'abord. Leur hostilité envers l'une ou l'autre des deux missions compromettrait l'œuvre de la civilisation et de la pénétration en Afrique par le Congo. Pour que les Européens réussissent, il leur faut s'entraider. « Si les stations des deux entreprises peuvent compter les unes sur les autres, dit *l'Indépendance belge*, n'ayant que le fleuve à traverser, ce sera pour toutes un accroissement de sécurité, en même temps qu'une grande diminution d'efforts et de dépenses. » Voilà qui est fort bien raisonné; mais pourquoi les actes ne sont-ils pas d'accord avec les paroles? Pourquoi faisons-nous sans cesse preuve de modération et de longanimité sans être jamais payés de retour?

On a annoncé à diverses reprises que, découragé par la tournure que prennent les affaires de l'Association et par les obstacles de toutes sortes qu'il rencontre dans le tracé de sa route le long du Congo, fatigué d'ailleurs et tantôt en proie à des accès de fièvre, tantôt miné par la maladie de foie qu'il a contractée pendant son exploration de l'Aruwimi, Stanley songeait à rentrer en Europe. Il se proposait, disait-on, de gagner par la vallée de l'Aruwimi un des postes égyptiens du pays des Monbattous sur l'Ouellé-Makoua, appelé aussi Ouellé de Schweinfurth et qu'il sait être le même que la grande rivière tributaire du Congo. Un voyageur russe, le docteur Junker, qui a parcouru ces régions, il y a quelques années, prétend au contraire que l'Ouellé se jette dans le Chari, affluent du lac Tchad. La dernière exploration de Stanley a fait justice de cette erreur; mais en traversant la contrée inconnue qui s'étend entre le Congo et les stations égyptiennes, Stanley aurait démontré jusqu'à l'évidence l'exactitude de ses assertions et serait rentré en Europe avec l'honneur d'avoir résolu une question d'hydrographie très importante.

L'agitation causée dans l'Afrique centrale par la révolte du Madhi n'a pas permis à l'illustre explorateur de réaliser ce projet grandiose. Il s'est embarqué le 8 juin dernier pour l'Europe, après avoir remis la direction des affaires de l'Association internationale au colonel Francis de Vinton, de l'armée britannique. Pendant les quatre années qu'il a passées sur les rives du Congo, il a organisé des stations sur un parcours de plus de deux mille kilomètres et a exploré le cours du grand fleuve et de ses affluents. Il revient avec la conviction que le bassin du Congo est appelé à un grand avenir commercial. Il croit même à la possibilité de coloniser l'intérieur du noir continent où les blancs, dit-il, s'acclimateront facilement, à la condition d'être d'une sobriété exemplaire (1). Il semble avoir l'assurance que les Arabes seront contraints de renoncer à l'odieux commerce qui les déshonore mais les enrichit, aussitôt que des stations scientifiques et hospitalières auront été fondées en nombre suffisant dans l'ouest africain.

Le célèbre explorateur prétend avoir prêté avec empressement le concours le plus désintéressé aux missionnaires des divers cultes et aux agents de la mission française avec lesquels il a toujours vécu, dit-il, en bonne intelligence. Il déclare n'être point jaloux de M. de Brazza; il désire seulement voir délimiter leur sphère d'action. Son but unique aurait été, selon lui, de préparer la voie au commerce international qui fait déjà sur le bas Congo un trafic s'élevant à plus de cinquante millions.

Quelques mois après le retour de Stanley, M. Ballay, l'énergique compagnon de M. de Brazza, est rentré en France en fort bonne santé après s'être acquitté, avec autant de sang-froid que de succès, des diverses missions dont il était chargé. Il a quitté le 28 mai M. de Brazza et a regagné le Gabon par l'Alima et l'Ogowé. Il atteignait à la fin de juin le poste du haut Alima, se rendait de là à Franceville en cinq jours et effectuait en six jours la descente de l'Ogowé. Pendant tout ce voyage, le sympathique explorateur a reçu les protestations les plus vives d'amitié pour les Français.

(1) Résumé d'une conversation de Stanley avec un reporter du *Temps*.

Envoyé par M. de Brazza près de Makoko, M. Ballay comptait faire le trajet par terre quand les Apfourou, qui ont repoussé la première mission française, vinrent lui offrir des embarcations et des vivres pour descendre l'Alima dont ils avaient jusqu'alors interdit l'accès aux blancs. Le docteur put constater que cette rivière, d'une largeur de trois cents mètres au moins, est partout profonde et ne présente aucun obstacle à la navigation. Les nombreux villages qui bordent ses rives sont peuplés et très commerçants (1); environ cinquante tonnes de marchandises, consistant surtout en manioc, descendent chaque jour le cours de la rivière.

Sur le Congo comme sur l'Alima, les indigènes firent au voyageur l'accueil le plus cordial.

« Le mauvais temps l'ayant obligé de toucher terre à M'pouya, en face de Tchoumbiri, les habitants, aussitôt qu'ils reconnurent le drapeau français, accoururent auprès du docteur et lui dirent : « Tu « es chez toi, pourquoi ne viens-tu pas t'abriter au « village ? »

Après avoir fondé une station à N'ganchou sur le Congo, M. Ballay se rendit près du Makoko qui l'accueillit avec des transports de joie. Il visita ensuite Brazzaville et la mission du P. Augouard qui va être renforcée. Tchoulou, chef du village de Kianchassa, bâti sur la rive gauche du Stanley-Pool, accourut au devant de l'explorateur et l'assura que s'il avait laissé établir une station internationale sur son territoire,

(1) *Le Temps* du 5 octobre 1884.

c'était avec la conviction que les Français ne reviendraient plus, mais que, puisqu'ils étaient là, il voulait les avoir chez lui. M. Ballay, pour ne pas se créer de difficultés avec les agents de l'Association, refusa l'hospitalité qu'on lui offrait (1).

M. Ballay, dont la mission à Brazzaville était accomplie, regagnait Franceville en remontant le Congo et l'Alima, quand il rencontra M. de Lastours avec un convoi d'Adouma. Il redescendit avec son escorte jusqu'à Brazzaville. Là il apprit que Stanley, refusant de reconnaître le traité passé avec Makoko, en ce qui concerne la souveraineté de la rive gauche du Congo, avait fondé quatre postes autour de Stanley-Pool et les avait armés de canons Krupp. Or, les états que le Makoko a placés sous le protectoral de la France s'étendent sur les deux rives du Congo. Malgré la présence des agents de Stanley, malgré les menaces des Zanzibarites, les grands chefs des deux rives ont reconnu le protectorat de la France et plusieurs d'entre eux ont arboré notre pavillon. C'est surtout dans cette région que les agents de Stanley sont détestés, à cause de leur morgue et de leurs mœurs dissolues. On affirme qu'ils vivent à la façon orientale et qu'ils achètent de jeunes négresses pendant que leur chef se déclare hautement partisan de l'abolition de l'esclavage. D'autre part, c'est en vain, ajoute M. Ballay, qu'ils s'efforcent de se montrer affables pour les membres de la mission française et qu'ils leur offrent l'hospitalité la plus écossaise ; les faits ne sont nullement d'accord avec les paroles, et

(1) Analyse d'un article du *Temps* du 5 octobre 1884.

sous ces dehors menteurs se cachent la ruse et la perfidie.

En résumé, M. Ballay a laissé M. de Brazza rempli d'espérances et plus confiant que jamais dans l'avenir de la région qu'il vient de parcourir pour la seconde fois. En effet, trois maisons françaises ont établi des comptoirs sur les rives de l'Ogowé et douze stations ont été fondées du cap Lopez au Congo, non compris celles de la côte.

La Conférence de Berlin et le second traité conclu par la France avec l'Association internationale.

Sur le désir exprimé par MM. de Hatzfeld et de Bismarck et après entente entre M. Jules Ferry et le prince de Hohenlohe, une conférence vient de se réunir à Berlin (1) pour étudier les questions soulevées par la situation actuelle de l'Afrique occidentale.

Le traité anglo-portugais était resté lettre morte; l'arrangement conclu entre la France et l'Association internationale avait eu pour effet de l'annihiler avant même que les signatures y eussent été apposées. La diplomatie cherchait une nouvelle base d'arrangement. Elle voulait ouvrir le bassin du Congo au commerce universel.

La France, dont les intérêts sont aujourd'hui très importants dans l'ouest africain, ne voyait pas sans inquiétude l'Association internationale acquérir, par des traités conclus avec les chefs indigènes, toute la partie du littoral entre le Quillou et la Zette-Kamma (0°20' de latitude sud), sur une longueur de près de

(1) 15 novembre 1884.

500 kilomètres. Elle se demandait si l'État libre que les fils de la Belgique se proposent de créer au centre de l'Afrique, et qui paraissait devoir s'étendre jusqu'à l'embouchure du Congo, ne serait pas un obstacle au développement des établissements que nous venons de fonder dans ces parages.

D'autre part le traité signé, mais non encore ratifié, entre l'Angleterre et le Portugal semblait dirigé contre nous, car il accordait au Portugal un territoire beaucoup plus étendu que celui que notre gouvernement est disposé à lui reconnaître; il autorisait en outre la cour de Lisbonne, pour couvrir les frais de garde et d'entretien de la voie fluviale du Congo, à percevoir des taxes de douanes dont nos nationaux ont toujours été exempts, en vertu du traité franco-portugais de 1786. On ne pouvait mettre plus directement en cause la liberté absolue de navigation et de commerce dont nos négociants ont joui depuis près d'un siècle. L'Allemagne, de son côté, regardait ce traité « comme ne lui étant pas opposable et ne pouvant, en aucun cas, porter légalement atteinte à la situation de droit des tiers non intervenus à la négociation ». Elle désirait, comme la France, voir mettre en pratique dans la région du Congo et du Niger les principes adoptés au Congrès de 1815 pour assurer la liberté de navigation de quelques fleuves internationaux et qui plus tard ont été appliqués au Danube. Dans l'entrevue de Varzin, tant commentée, M. de Bismarck et M. de Courcel posèrent les bases d'une entente ratifiée ensuite par un échange de lettres entre les deux cabinets. La France, tout en déclarant qu'elle ne se proposait pas d'étendre ce régime à ses colonies du Gabon, de la Guinée et du Sénégal, se déclarait prête à appliquer les principes de liberté commerciale dans les positions qu'elle tient ou qu'elle pourra acquérir plus tard sur le Congo ; elle s'engageait à maintenir également cette liberté si elle était appelée à recueillir les bénéfices des arrangements que lui assure le droit de préférence en cas d'aliénation des territoires acquis par l'Association internationale.

Les diverses pièces publiées par le *Livre jaune français*, et dont nous donnons ci-dessus une rapide analyse, indiquaient le terrain nettement circonscrit où allait se mouvoir la conférence. La tâche des plénipotentiaires des divers États était clairement définie. On pouvait toutefois se demander si, au point de vue de notre commerce, les principes que l'on songeait à appliquer aux deux grands fleuves africains n'avaient pas leurs dangers et si la question de l'occupation effective des colonies ne serait pas pour le Congrès une pomme de discorde. Mais en y réfléchissant il était facile de constater que les concessions consenties par nous n'avaient rien d'exagéré. En effet, sur le Congo nous ne possédons qu'une faible partie de la rive gauche du fleuve et nous nous proposons d'établir sur notre territoire une voie commerciale qui suivra ou empruntera soit le cours de l'Alima et de l'Ogowé, soit celui du Niari où nous commandons également en maîtres. Sur le Niger, nous n'avons arboré notre pavillon que sur quelques points voisins de Bamakou et, tout en utilisant la navigation du fleuve dans son cours supérieur (ses bouches appartiennent aux Anglais), nous entendons faire le commerce par terre ou par la voie, bien insuffisante, qu'offre le Sénégal.

Quant aux difficultés qui pouvaient surgir lors de la discussion sur les formalités à remplir pour prendre possession des territoires non encore occupés, on les avait prévues et prévenues ; on devait — ce qui a été fait — demander et sans aucun doute obtenir, dès le début de la conférence des plénipotentiaires des divers Etats, une déclaration portant que leurs décisions seraient valables et auraient force de lois pour les intéressés, même si l'on ne parvenait pas à s'entendre sur tous les points en litige.

Comme conséquence de cet échange de vues entre l'Allemagne et la France, un programme fut élaboré par M. Jules Ferry et le prince de Hohenlohe et arrêté d'un commun accord. La Prusse prit l'initiative de la convocation d'une conférence à laquelle furent représentées : la France, l'Allemagne, l'Angleterre, l'Espagne, les Etats-Unis, le Portugal, la Belgique, la Hollande, l'Italie, la Russie et l'Autriche. Les plénipotentiaires qui, pour la plupart, étaient les ambassadeurs de ces diverses puissances près de la cour de Prusse, ont été appelés à délibérer sur les trois points suivants :

1° Liberté de commerce et libre accès pour tous les pavillons sur le Congo ;

2° Établissement d'un régime semblable sur le Niger ;

3° Fixation des règles et des formalités qui devront être observées pour prendre à l'avenir valablement possession de territoires non encore soumis à une nation civilisée.

Il ne faut point nous le dissimuler, en lançant les invitations à la conférence et en la réunissant à Berlin, M. de Bismarck nous a signifié, aussi bien qu'à nos voisins d'outre-Manche, qu'une nouvelle puissance coloniale entrait en ligne et qu'à la rivalité de l'Angleterre s'en ajoutait une autre plus redoutable peut-être par suite de sa puissance continentale. Mais on avait supposé que le Portugal élèverait des prétentions sur le Congo inférieur et sur une ligne de côtes d'une longueur de 178 milles, entre les rivières Lette et Loge, tandis que dans les négociations entamées avec l'Association internationale il insiste seulement pour conserver la souveraineté sur la rive gauche, depuis l'Océan jusqu'à Noki. On croyait qu'en face des revendications d'une Association mal définie et de l'Angleterre, qui essaie d'agir sous le couvert du Portugal, la conférence examinerait les traités conclus par les nations européennes avec les chef indigènes de l'ouest africain, qu'elle statuerait sur les prétentions des diverses puissances et fixerait les limites de leurs possessions en Afrique. Il n'en a rien été. Elle s'est bornée à examiner les questions comprises dans le programme qui lui était soumis et elle a laissé à chaque Etat le soin de résoudre par les voies diplomatiques ordinaires les difficultés pendantes. Continuant l'œuvre des congrès de Vienne et de Paris, en 1815 et en 1856, elle s'est bornée aux questions de droit international et d'humanité; elle s'est efforcée de fonder sur des bases légales le régime politique et économique de la région du Congo et du Niger; elle a cherché à empêcher les conflits entre les nations en réglant certaines difficultés internationales qu'aucune jurisprudence n'a tranchées jusqu'à ce jour. Elle a voulu enfin, si l'on en croit M. de Bismarck, assurer la paix et la bienveillance entre les nations.

Sir Edward Malet a, il est vrai, dès la première séance, fait ses réserves au nom du gouvernement anglais, en déclarant que si, en ce qui concerne le Niger, le cabinet de Saint-James admettait volontiers les principes de la liberté commerciale, il espérait néanmoins que la surveillance sur la mise en pratique de ces principes ne serait pas confiée à une commission internationale, vu que ce droit de surveillance appartient à l'Angleterre qui est principal, sinon seul propriétaire du bas Niger. Sauf sur ce point, les plénipotentiaires anglais n'ont point donné de preuves de la mauvaise humeur dont on les croyait animés ; ils ont même surmonté leur défiance, dès qu'ils ont pu constater que personne n'avait l'intention de leur être désagréable de parti pris. Quant aux délégués des autres Etats, ils se sont déclarés, dès le début de la conférence, disposés à acquiescer en principe aux propositions de l'Allemagne et de la France. Dès lors on a pris pour base de discussion l'égalité des droits et la communauté des intérêts de toutes les nations. En conséquence, dès la seconde séance on a nommé une commission, composée des puissances invitées les premières, pour établir préalablement une entente sur ces mots : « *bassin du Congo* » et sur quelques autres dénominations géographiques.

Stanley, qui est fort généreux quand il donne le bien d'autrui, a soutenu que les régions de l'Ogowé et du Quillou devaient être comprises dans le bassin du Congo. Il a demandé à la conférence de fixer pour limites au bassin du fleuve un littoral de 380 milles environ sur la côte occidentale de l'Afrique, entre les rivières Lodge et Cette, et à l'est une ligne allant du 5° de latitude sud et descendant jusqu'à la rive droite du Zambèze, c'est-à-dire comprenant tous les lacs et toutes les rivières coulant vers l'est par lesquels on peut accéder au Congo. Il a ajouté que si l'on se bornait à prendre pour base l'idée du bassin géographique, on priverait le commerce qui se fait par le fleuve de ses débouchés nécessaires. Le docteur Ballay s'est vivement élevé contre cette prétention et a démontré que les mots « bassin du Congo » devaient être entendus, ici comme en toute circonstance, dans le sens géographique strict. C'est alors que le ministre des États-Unis, qui n'était évidemment que le porte-parole de Stanley, a proposé pour limite côtière une ligne partant de la côte à 1°22' correspondant aux branches méridionales du delta de l'Ogowé et remontant jusqu'aux sources de l'Alima. Le docteur Ballay a fait remarquer que la voie fluviale, complétée par la route commencée par Stanley le long des cataractes, absorbera forcément la plus grande partie du trafic futur. Dès lors, a-t-il ajouté, l'on ne voit pas quel intérêt la conférence aurait à adjoindre du côté de l'Atlantique des territoires au bassin naturel du grand fleuve. Se rendant à ces raisons, la commission a voté à l'unanimité la proposition suivante, adoptée quelques jours après par la conférence : « *Le bassin du Congo est délimité par les crêtes des bassins contigus, à savoir notamment les bassins du*

Niari, de l'Ogowé, du Schari et du Nil, au nord; par le lac Tanganigka, à l'est; par les crêtes des bassins du Zambèze et de la Loge, au sud. Il comprend en conséquence tous les territoires drainés par le Congo et ses affluents, y compris le lac Tanganigka et ses tributaires orientaux. » Le bassin du Livingstone est ainsi ramené à 1,300,000 milles au lieu de 3,000,000 que réclamait Stanley.

La commission de délimitation du Congo, passant à un autre ordre d'idées, a émis le vœu que le régime de la liberté commerciale soit étendu à l'est du bassin de ce fleuve jusqu'à l'océan Indien, sous réserve des droits des souverainetés existantes dans cette région. En ce qui concerne l'ouest africain, M. de Courcel a déclaré que le gouvernement français consentait volontiers à incorporer ses établissements du Stanley-Pool et de l'Alima au domaine de la liberté commerciale, mais qu'il n'avait pas entendu étendre l'application de ce régime aux bouches de l'Ogowé et à la colonie du Gabon.

La conférence a ensuite discuté la question douanière et décidé qu'il ne sera prélevé dans toute l'étendue du bassin du Congo d'autres droits que ceux qui seront nécessaires pour couvrir les frais d'administration, et que ces droits ne pourront dépasser ceux qui seront perçus sur les produits indigènes à l'exportation.

Passant au second point de son programme, *la liberté de navigation sur le Congo et le Niger*, la conférence l'a renvoyé à l'examen préalable d'une commission composée des délégués des mêmes Etats que ceux qui étaient représentés à la commission précédente. Les principales difficultés ont été soulevées à propos du commerce sur le Niger. L'Angleterre, tout en se déclarant résolue à n'accepter aucun contrôle sur cette voie commerciale, s'est engagée à n'y lever ni taxes ni droits d'aucune sorte. Elle a promis en outre que les règles qu'elle établirait pour la sécurité et le contrôle de la navigation seraient rédigées de façon à faciliter autant que possible la circulation des navires marchands.

Après avoir pris acte de ces déclarations, la conférence a voté les résolutions suivantes :

« Tous les pavillons, sans distinction de nationalité, auront libre accès à tout le littoral des territoires énumérés ci-dessus, aux rivières qui s'y déversent dans la mer, à toutes les eaux du Congo et de ses affluents, y compris les lacs, à tous les ports situés sur les bords de ces eaux, ainsi qu'à tous les canaux qui pourraient être creusés à l'avenir dans le but de relier entre eux les cours d'eau ou les lacs compris dans toute l'étendue des territoires décrits à l'article premier. Ils pourront entreprendre toute espèce de transports et exercer le cabotage maritime et fluvial ainsi que la batellerie sur le même pied que les nationaux.

« Les marchandises de toute provenance importées dans ces territoires, sous quelque pavillon que ce soit, par la voie maritime ou fluviale ou par celle de terre, n'auront à acquitter d'autres taxes que celles qui pourraient être perçues comme une équitable compensation de dépenses utiles pour le commerce et qui, à ce titre, devront être également supportées par les nationaux et par les étrangers de toute nationalité. Tout traitement différentiel est interdit à l'égard des navires comme des marchandises.

« Les marchandises importées dans ces territoires resteront affranchies de droits d'entrée et de transit. Les puissances se réservent de décider, au terme d'une période de vingt années, si la franchise d'entrée sera ou non maintenue.

« Toute puissance qui exerce ou exercera des droits de souveraineté dans les territoires susvisés ne pourra y concéder ni monopole ni privilège d'aucune espèce en matière commerciale. Les étrangers y jouiront indistinctement pour la protection de leurs personnes et de leurs biens, l'acquisition et la transmission de leurs propriétés mobilières et immobilières et pour l'exercice des professions, du même traitement et des mêmes droits que les nationaux.

« Toutes les puissances exerçant des droits de souveraineté ou une influence dans lesdits territoires s'engagent à veiller à la conservation des populations indigènes et à l'amélioration de leurs conditions morales et matérielles d'existence et à concourir à la suppression de l'esclavage et surtout de la traite des noirs; elles protégeront et favoriseront, sans distinction de nationalités ni de cultes, toutes les institutions et entreprises religieuses, scientifiques ou charitables, créées et organisées à ces fins ou tendant à instruire les indigènes et à leur faire comprendre et apprécier les avantages de la civilisation. Les missionnaires chrétiens, les savants, les explorateurs, leurs escortes, avoir et collections, seront également l'objet d'une protection spéciale. La

Jeunes femmes du Congo jouant à la Gaffa.

liberté de conscience et la tolérance religieuse sont expressément garanties aux indigènes comme aux nationaux et aux étrangers. Le libre et public exercice de tous les cultes, le droit d'ériger des édifices religieux et d'organiser des missions appartenant à tous les cultes ne seront soumis à aucune restriction ni entrave. »

Dans les séances suivantes, la conférence a pris des décisions qui peuvent se résumer ainsi : la navigation sur le Congo-Niger est et restera complètement libre pour toutes les nations. En cas de guerre, le Congo-Niger, avec les fleuves secondaires, les voies et les canaux, sera déclaré neutre. Pour couvrir les frais techniques et les frais d'administration qui auront été arrêtés par une décision commune, il y aura lieu de constituer une caisse de navigation pour le Congo. Les capitaux pour cette caisse seront formés par le moyen d'un emprunt dont les intérêts seront garantis par les puissances signataires de la convention. Une commission internationale sera chargée de veiller à l'exécution des mesures édictées par la conférence. Les puissances qui signeront cette déclaration, comme celles qui y adhéreront plus tard, pourront se faire représenter chacune par un délégué dans cette commission. La commission internationale aura les droits suivants : elle déterminera les travaux propres à entretenir la navigabilité du Congo; sur les parties du fleuve sur lesquelles aucune des puissances signataires n'exerce des droits de souveraineté, elle prendra elle-même les mesures nécessaires à la sûreté de la navigation; mais sur les parties du fleuve dont une des puissances souveraines a pris possession, cet entretien dépendra de l'État riverain qui aura à s'entendre avec la commission internationale. Celle-ci fixera les droits de port et de pilotage et l'assiette générale des impôts pour les dépenses d'intérêt commun, administrera la caisse de navigation, surveillera les quarantaines, nommera les agents du service général de navigation, etc.

La conférence, prenant en considération les protestations de l'Angleterre, a décidé que le cours du Congo sera seul placé sous la surveillance de la commission internationale, tandis que la France et l'Angleterre restent chargées « chacune dans sa sphère d'action, de veiller à l'application sur le Niger des décisions de la conférence ». Ces deux puissances prendront elles-mêmes les mesures les plus propres à réaliser les vues adoptées par les diverses puissances.

Les plénipotentiaires, abordant la question de l'esclavage, ont voté la déclaration suivante qui n'a d'autre tort que de manquer de sanction : « Les puissances qui ont la souveraineté ou qui exercent une influence sur les territoires formant le bassin conventionnel du Congo déclarent que ces territoires ne peuvent être utilisés ni comme marché, ni comme passage pour la traite des esclaves de n'importe quelle race. Chacune de ces puissances s'engage à prendre toutes les mesures en son pouvoir pour mettre fin à ce commerce et punir ceux qui le font. »

Quant au trafic des spiritueux, qui est avec l'esclavage l'une des plaies de l'Afrique, les gouvernements représentés à Berlin se sont bornés à prendre l'engagement de faire leur possible pour éviter les abus de ce commerce et les excès qui en résultent.

Le troisième point du programme, les formalités à remplir pour prendre valablement possession de territoires non occupés par l'une des puissances européennes, a été l'objet de longues discussions et a failli être un ferment de discorde. Les délégués anglais pris, disent-ils, de scrupules juridiques, ont prétendu distinguer entre l'annexion et le protectorat qui n'enlève aux indigènes que l'administration des affaires extérieures. Il eût été plus franc d'avouer que tout en ne s'établissant pas eux-mêmes dans les contrées voisines de leurs colonies, ils entendaient empêcher les autres de s'y établir. Ils ont demandé ensuite qu'une détermination rigoureuse des limites fût stipulée dans l'acte de prise de possession adressé aux puissances européennes. Cette condition ne peut, on le sait, être que difficilement remplie en ce qui concerne l'intérieur de l'Afrique, car les côtes seules sont connues. Après bien des atermoiements et des hésitations qui ont un instant mis en doute le succès de la conférence, les plénipotentiaires anglais ont enfin accepté la rédaction suivante, qui a été adoptée : « La puissance qui dorénavant prendra possession d'un territoire sur les côtes du continent africain, situé en dehors de ses possessions actuelles, ou qui n'en ayant pas jusque-là viendrait à en acquérir, et de même la puissance qui assumera un protectorat, accompagnera l'acte respectif d'une notification adressée aux autres puissances représentées dans la conférence, afin de les mettre à même de faire valoir, s'il y a lieu, leurs réclamations. »

En outre, les puissances représentées reconnaissent l'obligation d'assurer dans les territoires occupés par elles sur les côtes du continent africain l'existence d'une autorité suffisante pour faire respecter les droits et, le cas échéant, la liberté du commerce et du transit.

En résumé, la conférence a non seulement respecté les conditions de l'entente entre la France et l'Allemagne, mais résolu les questions soumises à son examen et fixé la base de la politique coloniale des grands États. Elle a réussi à écarter la plupart des éléments de rivalité qui pouvaient entraver le développement commercial de la région du Congo si riche en promesses.

La réunion à Berlin des mandataires des diverses nations européennes n'a pas peu contribué à faciliter l'entente et l'accord sur des questions qui paraissaient jusqu'alors insolubles, parce qu'elles n'avaient été que peu ou mal étudiées. A la conférence, comme dans toutes les négociations diplomatiques, chaque État a cherché à faire prévaloir ses intérêts, mais cette fois en s'efforçant de les mettre d'accord avec l'intérêt général. La plupart des puissances ont compris que si les agissements de l'Association internationale africaine ont parfois excité des mécontentements légitimes, « les résultats qu'elle a obtenus constituent une base de réelle valeur pour la continuation de l'œuvre de civilisation, d'amélioration et de commerce pacifique avec les indigènes. » Aussi l'Allemagne et l'Angleterre, imitant l'exemple des États-Unis, ont reconnu le pavillon à étoile d'or de l'Association, à la condition que leurs nationaux seraient traités dans les territoires qu'elle possède comme ceux de la nation la plus favorisée. L'Italie, la France, la Russie, la Suède, ont à leur tour reconnu aux mêmes conditions les territoires de l'Association comme constituant l'État libre du Congo.

D'un autre côté, bien que Stanley continue à se montrer, dans ses conversations avec les reporters de journaux et dans les conférences qu'il fait en Angleterre, très hostile à la France; bien qu'il déclare qu'il aurait de dures vérités à nous dire, et qu'il ne les tait que parce qu'il recherche notre amitié ; bien qu'il prétende que nous n'avons encore rien fait pour les pays que nous avons pris sous notre protection, le gouvernement français, dédaignant sans doute des injures dictées par la jalousie, a engagé, dès le 12 novembre 1884, des pourparlers avec l'Association au sujet des districts en litige près de Stanley-Pool, dans le but de régler cette affaire à l'amiable et d'arriver, s'il était possible, à une délimitation de frontières entre les territoires que nous occupons et ceux où le Comité d'études du haut Congo a fondé des établissements. Dès les premiers entretiens la France a témoigné de son bon vouloir et a montré qu'elle ne cherchait point, comme le craignait le *Times* « à tenir en échec la conférence, à élever des prétentions fatales à l'Association et aux avantages que celle-ci assure au monde ». L'Association a d'abord répondu à ces avances en offrant de renoncer au bassin du Niari-Quillou (où elle n'a que quelques stations sans importance), mais à la condition que nous lui verserions, à titre d'indemnité, une somme de cinq à six millions. C'était demander le remboursement de dépenses fictives et vouloir éterniser le système des conflits qui n'a que trop duré.

Commencées à Berlin entre le colonel Strauch et le baron de Courcel à qui ses instructions imposaient une grande réserve, les négociations n'avaient pas abouti. Elles ont été transportées à Paris et ont rapidement abouti.

La cour de Lisbonne, s'appuyant sur des droits séculaires, réclame tout le territoire compris entre la frontière française de Chiloango et le Congo jusque vers le 14° de longitude est, dans le voisinage de Vivi. D'un autre côté, l'Association n'a point modifié sensiblement ses prétentions dès qu'elle s'est vue appuyée par l'Angleterre et l'Allemagne, qui n'entendent pas laisser le cours inférieur et les embouchures du Congo sous le contrôle exclusif d'une seule puissance.

Le Portugal, par un arrangement signé le 18 février 1885, consent à reconnaître les territoires occupés par l'Association comme État constitué. Sur la rive gauche du Congo, les possessions portugaises s'arrêtent à Noki, comme dans le traité anglo-portugais; sur la rive droite, elles s'étendent jusqu'à Mayanga, où commence le territoire français. Sur la côte, l'Association conserve la bande de littoral comprise entre la rive droite du Livingstone et un point nommé Juba, tandis que le Portugal exerce sa souveraineté depuis Juba jusqu'à l'embouchure du Chiloango, dont le cours limite nos possessions.

En ce qui concerne la France, un arrangement s'imposait. Les postes de l'Association et les nôtres étaient tellement enchevêtrés que le zèle intempestif d'un agent de l'une ou de l'autre mission pouvait d'un jour à l'autre faire surgir un conflit qui, vu l'irritation des esprits, aurait peut-être dégénéré en une lutte fratricide. Des rivalités qui avaient pris un caractère assez aigu s'étaient élevées sur trois points principaux. Sur la rive gauche du Stanley-Pool, les indigènes affirment que leur pays fait partie des États du Makoko. L'Association le nie. Sur le Niari-Quillou, tandis que M. Cordier passait, au nom de la France, avec Manipembo, chef de Chissanga, un traité par lequel il reconnaissait notre protectorat, le capitaine Elliot, au service de Sa Majesté britannique, fondait sur le territoire de ce même prince les stations de Stéphanieville, de Franckville et de Baudoinville. De même sur la Sette-Camma, un Français, M. Avinene, qui établissait un poste, en a été expulsé brutalement par le capitaine Grand Elliot, l'un des lieutenants de Stanley. Un arrangement était donc devenu indispensable pour délimiter nettement les territoires des deux puissances rivales. Il vient d'être signé. Par une convention intervenue entre la France et l'Association internationale, la ligne frontière entre l'État du Congo et nos possessions de l'ouest africain a été fixée de la façon suivante : partant du 5° 12' elle suivra le cours du Chiloango, franchira la crête de hauteurs qui sépare les sources de cette rivière du bassin du Congo inférieur et ira rejoindre la rive droite du grand fleuve à Mayanga. A partir de Mayanga, la ligne médiane de Stanley-Pool nous servira de limite dans une contrée vierge de toute exploration jusqu'à un point à déterminer entre l'équateur et le premier degré de latitude nord, de manière à comprendre dans les possessions françaises le bassin de la Licona explorée par MM. de Brazza et Ballay. L'Association renonce à toute prétention sur le bassin du Niari-Quillou, et nous faisons de même en ce qui concerne la rive gauche du Congo.

Toutes les causes immédiates de compétition et de conflit sont désormais écartées. La France et l'Association ont ainsi mis fin à une situation précaire et évité des incidents peu favorables au prestige de la civilisation. Nous possédons en maîtres et sans partage les bassins du Gabon, de l'Ogowé, du Niari-Quillou, c'est-à-dire une contrée sensiblement plus étendue que la France ; nous avons accès par les États du Makoko et par les territoires voisins sur la partie navigable du Congo et nous pouvons trouver là de riches débouchés pour notre commerce. Quant au comité de l'œuvre internationale africaine, rien ne s'oppose désormais à ce qu'il fonde sur les rives du grand fleuve l'État libre rêvé par les fils de la Belgique et à ce qu'il ouvre au commerce international la vaste région conquise sur l'inconnu par l'énergique et audacieux rival de Brazza.

La question du Congo semble donc résolue, au moins dans ses grandes lignes, et il ne reste plus à chaque État que le soin de travailler en paix à l'œuvre de la civilisation.

Religion. — Gouvernement des peuples de l'Afrique occidentale. — L'avenir de la race nègre.

Les diverses tribus nègres disséminées, éparpillées comme une poussière de peuples sur la côte occidentale de l'Afrique, depuis le Niger jusqu'au Congo, ont entre elles une grande ressemblance caractérisée par le type, les coutumes et la langue. Toutefois, les ethnologues établissent entre ces noirs quelque différence : les uns sont, comme les Fans, des Nigritiens vigoureux, aux cheveux noirs et crépus, souvent tressés, au nez aplati, aux lèvres épaisses ; les autres, anciens habitants du Gabon menacés par l'invasion des premiers, ont, comme les nègres du Loango et de l'Angola, les traits plus plats, le nez plus écrasé, le menton plus fuyant (1). Presque tous dépassent la taille moyenne, ont la peau grasse, les jambes arquées, les yeux à fleur de tête, la chevelure noire, la barbe et les sourcils rares. Beaucoup, comme les Ossyéba et les Okanda, se liment les dents en pointe. Tous se défigurent par des incisions, des mutilations, des dessins pratiqués à la peau, des tatouages ; tous

(1) Hartmann, *Les peuples de l'Afrique*.

se chargent les jambes, le cou, les poignets, de cauris, d'anneaux de fer ou de cuivre et de verroterie. Ces sauvages vivent de la chasse et de la pêche; l'agriculture est chez eux toute primitive; ils n'ont pu encore atteindre à ce premier degré de la civilisation qui consiste dans l'élevage du bétail d'attelage; « ainsi on ne voit chez eux ni chevaux, ni ânes, ni chameaux; l'homme, ou plutôt la femme, est la véritable bête de somme (1). » Les arts industriels leur sont à peu près inconnus; quelques-uns seulement savent travailler le fer. Tous sont de grands enfants, légers, indolents et superstitieux.

Le fétichisme est la religion des noirs. A leurs yeux tout est dieu, car tout exerce une action sur l'univers. Les fétiches habitent les fleuves, les lacs, les forêts, les montagnes. Ici, la divinité est une herbe, une pierre, un arbre, un rocher; là, c'est un hippopotame, un léopard, comme au Loango, un crocodile, un serpent boa, comme au Dahomey; en un mot, le nègre vénère les animaux qu'il redoute ou qui lui sont utiles. Il craint les perroquets, se déclare parent des requins, considère les orangs-outangs comme des frères de race maudite et se croit volontiers cousin des autres singes. Les Okanda s'imaginent que leurs pères et leurs frères deviennent papillons, oiseaux ou singes. Sentant sa faiblesse en face de tout ce qui l'entoure, le nègre vit dans la terreur. Il a du respect pour tout ce qui lui est supérieur: le blanc est souvent pour lui un esprit. L'ignorance engendre la superstition; ne pouvant se

(1) Du Chaillu.

rendre compte des phénomènes de la nature, il a pris le parti de les diviniser. Entouré de grands animaux, de végétaux presque animés, il a le respect, le culte de la matière. Il redoute non seulement les vivants, mais les morts, pour lesquels il professe un véritable culte. Pour lui, ils assistent invisibles à tous les actes de la vie des leurs, y président et les inspirent. Leur esprit les accompagne à la chasse et à la guerre. Comme, selon eux, les ancêtres continuent dans l'autre monde la vie qu'ils ont menée dans celui-ci, qu'ils boivent, mangent, voyagent, il leur faut des vivres, des armes, des meubles, des serviteurs; aussi dépose-t-on sur leur tombe des bananes, des patates, du manioc, du vin de palme, des bracelets, des colliers de perles et enterre-t-on à côté d'eux des esclaves, hommes et femmes, pour subvenir à leurs besoins et les servir dans l'autre monde. Comme toutes ces peuplades ont instinctivement la croyance en l'autre vie, le fait de déterrer le crâne d'un des leurs est un crime que l'on paie de sa tête. Les Okanda jettent leurs morts à la rivière avec une grosse pierre au cou, afin que les Adouma ne déterrent pas leur crâne pour en faire des fétiches. Dans toutes les tribus noires, on invoque les bons esprits et on apaise les mauvais par des sacrifices, car on est convaincu qu'ils dispensent aux hommes les biens et les maux. Veut-on se guérir d'une maladie, jeter un mauvais sort sur une armée ennemie, chasser la vermine, voyager, entreprendre une expédition guerrière, faire la paix, conclure une alliance avec une tribu rivale, on consulte les mânes des ancêtres, et leur décision, transmise par la bouche des prêtres, est ponctuellement obéie, car les fétiches sont tout puissants; ils font chavirer ceux qui naviguent malgré les conseils du devin.

Généralement les fétiches sont de grossières figures en bois, peintes en rouge, en noir ou en blanc et ornées de dents, de cornes d'antilopes, de plumes et de morceaux d'étoffe. Les unes ont de grands temples; les autres de petites chapelles ou de simples abris. Grâce à la bienveillance que lui témoignait le chef de Sangatanga, Du Chaillu obtint l'autorisation de visiter les cabanes où étaient remisées les idoles du pays. Pangeo et sa femme habitaient ensemble et faisaient bon ménage; ils étaient tout spécialement chargés de protéger le roi et son peuple. Dans la case voisine, on apercevait Malambi, un dieu sans pouvoir, et sa femme Abiala, armée d'un pistolet et prête à tuer qui lui déplairait. Dans la troisième cabane se dressait la statue informe de Numba, dieu garçon, le Neptune et le Mercure des indigènes. M. Marche a vu chez les Gallois des fétiches de forme semblable et de toutes dimensions. Toutefois, les fétiches varient non seulement de peuplade à peuplade, mais d'individu à individu. Telle tribu place sa confiance dans une peau d'animal, telle autre dans une boule de terre. Chez les Gabonais, un crâne de femme blanche est un fétiche qui assure pour toujours le bonheur de son propriétaire. Chez les Gallois, le sang d'un criminel imposé sur la tête de ceux qui assistent à son égorgement en cha. se, dit-on, pour toujours les parasites. Les devins Adouma, pour donner du courage aux guerriers de leur tribu, leur frottent le front avec une pâte noire. Les Fans portent des amulettes, des talismans consacrés par le docteur de la tribu; les uns se suspendent au cou un petit sac fait de la peau d'un animal rare; les autres s'attachent sur l'épaule une chaîne en fer. Les Camas du Fernand Vaz se couvrent de gris-gris et de fétiches quand ils marchent à l'ennemi. Les femmes d'une autre tribu de Camas, qui habite les rives du lac Anengué, ne sont relevées de leurs devoirs envers un mari défunt et ne sont autorisées à reprendre leurs bracelets et leurs anneaux et à convoler à un autre hymen qu'après avoir fait un grand tam-tam avec des chaudrons et mangé un certain mets composé d'ingrédients mystiques. Si quelqu'un de cette tribu est malade, le docteur fétiche ordonne de faire autour de sa case un tintamarre épouvantable pour déloger le mauvais esprit qui a pris possession de son corps. Si un guerrier meurt à la fleur de l'âge, on se figure toujours qu'il a été empoisonné ou envoûté et l'on se demande quel est le sorcier dont les maléfices l'ont fait périr. D'ordinaire, le devin décide qu'il y aura un grand palabre. Au jour fixé, il s'avance majestueusement devant le village assemblé. Son front est surmonté d'un panache de plumes noires; ses paupières sont peintes en rouge, ainsi qu'une partie de son nez; le reste de son visage est barbouillé de blanc. Il porte à son cou un collier d'herbes sèches auquel une boîte mystérieuse, pleine d'esprits, est suspendue par une corde; autour de sa ceinture pendent des morceaux de peau de léopard. Il pose devant lui un coffret rempli de talismans et surmonté d'un miroir. Un des assistants prononce à haute voix le nom des habitants du village pendant que le devin consulte son miroir pour savoir si la personne nommée n'est pas le sorcier que l'on cherche (1). Le prêtre fétiche désigne, selon son bon plaisir, soit par vengeance, soit par convoitise ou simplement pour ajouter à sa réputation, celui qu'il veut perdre et qui est aussitôt sacrifié à la fureur populaire.

Dans beaucoup de tribus, c'est au moyen de procédés à peu près semblables que l'on recherche les voleurs et les meurtriers. Chez les Gabonais et dans le voisinage du cap Lopez l'accusateur et l'accusé doivent absorber le poison d'épreuve, *M'bondou*, que l'on produit en râpant dans de l'eau la racine de la plante du même nom. Celui qui vomit le poison est considéré comme innocent et reçoit une indemnité de la partie plaignante ; celui qui garde le breuvage et ne succombe pas dans les huit jours est mis à mort, contrairement à ce qui a lieu chez la plupart des autres peuplades ; aussi le devin « qui sait s'arranger pour que le poison soit funeste ou inoffensif décide d'ordinaire en faveur de celui qui fait les offres les plus considérables (2) ». Il n'est pas rare que si l'on ne trouve pas le coupable on mette à mort tous les accusés. Chez les Aschiras en particulier, les femmes soupçonnées d'avoir ensorcelé un homme, seraient-elles trois ou quatre, périssent par le poison. C'est une coutume transmise à cette tribu par ses ancêtres.

Le nègre ne connait que trois autorités : le roi, le devin et la coutume. Le pouvoir despotique des rois

(1) Du Chaillu.
(2) Hartmann, *Les peuples de l'Afrique*, p. 182.

ou chefs de l'ouest de l'Afrique est tempéré par les palabres qui tiennent une grande place dans la vie des noirs. Les palabres sont une occasion de se déplacer, de faire bombance et aussi de donner libre cours à cette abondance verbeuse, à ce flux interminable de paroles qui est le caractère saillant de l'éloquence africaine. Une discussion, un vol, une rixe, un enlèvement de femme, sont des prétextes suffisants pour un palabre. Chez ces tribus qui ne possèdent aucune loi écrite, qui n'ont aucune idée de ce que, nous Européens, nous appelons une constitution, toutes les grandes affaires, toutes les discussions entre peuplades voisines, souvent même entre particuliers, sont nécessairement portées devant une assemblée. La foule une fois réunie, le docteur fétiche qui dirige les débats réussit le plus souvent, grâce à l'influence modératrice qu'il exerce sur les orateurs, même les plus violents, à calmer les passions surexcitées et à incliner les esprits vers la solution qui a ses préférences. En général, à l'ouest de l'Afrique où le pouvoir des chefs est beaucoup plus absolu qu'à l'est, la libre manifestation d'une opinion en désaccord avec celle du despote (ne régnât-il que sur deux ou trois villages) n'est pas sans danger. Toutefois, ce dernier est souvent contraint de recourir aux promesses ou aux menaces pour se faire obéir.

Chez les nègres africains, sans cesse en lutte avec la nature qui leur apparaît plus grande qu'eux, presque toujours en guerre les uns avec les autres, l'autorité du roi est fondée sur le pouvoir qu'on lui attribue de guérir les maladies, d'écarter les maléfices, d'amener à son gré la pluie ou le beau temps ; elle l'est aussi au Gabon et le long de l'Ogowé sur la richesse que donne à la tribu les relations avec les blancs ou avec des voisins plus aisés ; elle l'est surtout sur la nécessité de se mettre sous la direction et la protection d'un homme brave et puissant pour résister à des voisins plus nombreux et plus aguerris. Qui a su réunir autour de lui de nombreux guerriers attirés par l'appât du butin ou le prestige de la victoire, qui a su prendre de l'ascendant sur les tribus de même race et dompter des voisins récalcitrants, ne tarde pas à accaparer le monopole du commerce avec les étrangers, à devenir maître de la vie et des biens d'une foule docile qui se groupe sous son sceptre, fût-il un bâton. Le noir qui n'a point le sentiment de l'indépendance, qui est fou de tapage, de fêtes et de parure, est heureux de parader à la cour du chef. Il ne songe point à secouer un joug qui ne lui pèse pas, — tant il a l'instinct de la domesticité, — et d'ailleurs « il craint les mânes des anciens chefs, qui seraient prompts à punir de mille calamités toute révolte contre leurs descendants (1). »

Toutefois, la royauté n'est pas toujours héréditaire chez les peuplades de l'Afrique occidentale ; elle est même le plus souvent élective et conférée par les onéros ou anciens ou par les principaux chefs. A Glass, village voisin de Libreville, le roi est élu par les vieillards ; leur choix n'est communiqué à la foule que le septième jour. D'ordinaire, c'est le sorcier, le docteur

(1) Girard de Rialle, *Les peuples de l'Afrique et de l'Amérique*, p. 64.

de la tribu, qui désigne aux suffrages de l'assemblée le candidat que les fétiches ont pour agréable. C'est ainsi que Bouandja, grand féticheur et chef de la rivière, a fait parvenir au trône Boïa, chef actuel des Okanda et l'a aidé à se débarrasser de ses compétiteurs. La religion est pour les princillons nègres un moyen de gouvernement et les prêtres fétiches sont d'ordinaire les instruments du despotisme. Le sorcier, qui se vend au plus offrant, qui pour une poule, un cabri, de la verroterie, condamne à mort l'accusé ou le renvoie absous, est l'allié naturel du roi; sa cupidité, le désir qu'il a d'accroître son autorité et son influence en font le plat valet du maître. En Afrique comme en Europe, le pouvoir politique et le pouvoir religieux s'appuient l'un sur l'autre. Aussi les voyageurs européens, qui connaissent l'avidité du devin, le gagnent par des cadeaux et obtiennent, grâce à lui, des pagayeurs, des vivres, la bienveillance et même l'amitié de chefs et de tribus qui avaient jusque-là fort mal accueilli les blancs.

Le médecin fétiche, qui ressemble assez à nos magiciens ambulants, dit, comme eux, la bonne aventure. Bizarrement accoutré, le visage bariolé de noir et de rouge, il traverse majestueusement le village en faisant tinter la sonnette qu'il porte à la main et tous s'inclinent sur son passage. Il apaise les mauvais esprits et invoque les bons par des sacrifices, règle les différends ou les envenime à son gré, désigne les coupables, se livre devant la foule aux jongleries les plus absurdes, la pousse par ses incantations et ses sortilèges à conclure la paix ou à déclarer la guerre, en un mot lui dicte les choix les plus maladroits ou les plus funestes, les décisions les plus graves et les plus hasardées. Aussi puissant que le roi, souvent davantage, il est plus hardi, car il est irresponsable.

L'accoutrement des rois, ainsi que le cérémonial en usage dans les cours des principicules nègres, diffère naturellement de tribu à tribu. Chez les Fans, quand Du Chaillu visita cette peuplade, le roi lui parut le type de la férocité. Son corps, entièrement nu à l'exception d'une ceinture d'écorce, était peint en rouge; la figure, la poitrine, le ventre et le dos étaient tatoués de grossiers dessins. « Il portait aux jambes des anneaux de cuivre qu'il faisait résonner en marchant. Sa barbe était séparée en plusieurs tresses ornées de perles. Ses dents, taillées en pointe, étaient noircies, et quand le vieux cannibale laissait voir l'intérieur de cette bouche sombre, on eût dit un tombeau qui s'ouvrait. » Tout le corps du monarque était couvert de gris-gris et de fétiches chargés de le protéger contre les lances, les fusils et les sortilèges. Il portait un bouclier de peau d'éléphant, et pour armes défensives il tenait à la main trois javelots et un sac de flèches empoisonnées.

Au contraire, à Goumbi, village situé sur le Rembo, le roi est un personnage d'une contenance grave et sévère. Il est grand, maigre et porte noblement ses cheveux blancs. Toute sa personne respire le courage et l'énergie.

Ce prince fait exception et contraste par sa tenue et ses manières avec la plupart des despotes qui gouvernent les tribus échelonnées le long du Gabon et de l'Ogowé. La plupart d'entre eux sont laids et affublés de vêtements grotesques. Edibé, roi des Okota, est petit et difforme. C'est l'être le plus disgracieux de tout son peuple, qui pourtant n'est pas beau. Il est d'ordinaire drapé dans une capote grise et coiffé d'un chapeau à haute forme. Le roi des Bakalais est un affreux ivrogne ; N'Combé, chef des Gallois, n'est qu'un vulgaire marchand d'esclaves que son affreux commerce a enrichi.

Le costume de ces princes est aussi bizarre que leur tenue est débraillée. Boïa, roi des Okanda, porte pour attribut de sa dignité le casque de pompier donné par MM. Marche et de Compiègne à son oncle Avelé. Le roi Mangué, chef d'un village voisin de Lambaréné, ne se présente aux blancs que coiffé d'un bonnet de coton surmonté, il est vrai, d'un chapeau à haute forme, inséparable ornement des roitelets du fleuve. Le souverain de Banane et de sa banlieue se coiffe d'une vieille barette crasseuse, bordée de griffes de panthères et de caïmans.

La plupart de ces despotes manquent autant de bravoure que de dignité. Dès que Rénoqué, roi des Inenga et en partie dépouillé par N'Combé, chef des Gallois, apprend l'arrivée d'un étranger, il se réfugie dans ses plantations, d'où il ne revient que quand l'absence de tout danger a été dûment constatée ; N'Goudaï, l'un des chefs Simba, agit de même en pareille circonstance.

La plupart de ces princes ne gouvernent qu'un territoire peu étendu. L'un des chefs gallois ne règne que sur deux femmes, quatre enfants et sur deux grands gaillards qu'il appelle ses fils et qui sont en réalité ses esclaves (1). « Au Gabon, chaque village

(1) M. Marche.

M'pongué est gouverné par un chef qui prend le titre de roi, *oga*. Ces *ogas* sont aujourd'hui sans prestige et sans puissance, ivrognes pour la plupart, réduits à voler les négociants qui les emploient et à mendier sans vergogne du rhum et du tabac à leurs visiteurs (1). » Voici le portrait que M. de Compiègne a tracé du plus puissant des rois indigènes, de N'Combé, chef des Gallois jusqu'alors soumis à Rempolé. N'Combé a réussi à affermir son autorité en s'appuyant sur les blancs qui ont fondé chez lui des factoreries. « Je me trouvai, dit le voyageur, face à face avec N'Combé, le roi soleil ; c'était un homme d'une taille énorme et d'une figure toute joviale; il était revêtu d'une immense robe de chambre de popeline écossaise à brandebourgs noirs, entièrement déboutonnée afin de laisser voir sa chemise blanche sur laquelle brillaient une broche et trois gros diamants fabriqués à Hambourg, à deux pour un sou. Son pagne, d'un rouge éclatant, était un peu plus court que la décence ne l'aurait voulu. Autour de son cou, flottait une ample cravate taillée dans un vieux rideau. Il tenait à la main une canne de tambour-major et son chef était orné d'un chapeau dit *tuyau de poêle*, bordé d'un gros galon d'or, au milieu duquel étincelait un magnifique soleil en or. Cette allusion délicate au nom du roi était due à la munificence de la maison allemande, toujours à l'affût de tout ce qui pouvait flatter le maître de ces parages. Le possesseur de tant de merveilles se tenait debout devant moi, se rengorgeant comme un paon. Il répétait sans cesse :

(1) Lanier, *L'Afrique*.

« C'est moi qui suis roi passé tous, roi des rois. » Jamais l'autre roi soleil, Louis XIV, ne dut paraître aussi fier de sa personne. Tout en me déclinant son nom et ses attributs, N'Combé me serrait les deux mains en riant aux éclats, car N'Combé rit toujours, même et surtout quand il coupe le cou d'un Bakalais ou entaille le dos de ses femmes (1). »

Qu'ils règnent sur une tribu entière ou sur un seul village, ces petits souverains ont un sérail renfermant de nombreuses épouses. Le roi d'Aniamba, village situé sur le Fernand Vaz, en a quarante; celui de Sangatanga, cinquante; Bango, ancien roi du cap Lopez, en avait cent. Dans les bals qu'ils offrent aux étrangers ou à leurs sujets, ces dames luttent d'indécence dans leurs contorsions.

Au Congo, les princillons nègres n'étalent pas moins de magnificence. Celui de Banane voyage sur une pirogue montée par une vingtaine de noirs. Il est vêtu de belles étoffes de toutes couleurs ; ses bras sont couverts de bracelets en perles et en ivoire. Quand il entre dans une case , de nombreux serviteurs s'agenouillent sur son passage et lui battent des mains, tandis que des musiciens annoncent son arrivée par un bruit abominable en frappant à tour de bras sur des troncs d'arbre creux. Les gens de sa suite, armés de fusils à pierre, augmentent le tapage en criant à tue-tête (2). Ce royal buveur ne quitte la factorerie des blancs que quand on lui a fait présent d'une dame-jeanne de tafia.

(1) M. de Compiègne.
(2) Jeannest, *Quatre ans au Congo.*

Ce prince n'est que l'humble vassal d'un roi qui s'imagine être très puissant. Jadis, les petits États indépendants des Tschenus, situés sur les rives du Livingstone, furent réunis sous un même sceptre par Nimia Luquem qui prit le titre d'empereur du Congo et groupa autour de lui de nombreux feudataires. Plusieurs siècles après les découvertes des Portugais, la royauté était encore héréditaire dans sa famille, « mais le peuple retourna plus tard à ses anciennes coutumes, d'après lesquelles les assemblées nationales élisaient le successeur du roi défunt parmi les fils de ses sœurs. » La féodalité s'est maintenue dans le pays, et aujourd'hui ce sont les chefs des divers États et leurs subalternes qui, par cupidité, entravent la marche des savants voyageurs européens sur la côte située entre le cap Lopez et les possessions portugaises d'Angola. Le roi actuel du Congo proteste contre l'envahissement par les agents de l'Association internationale des territoires qu'il prétend lui appartenir de temps immémorial, mais il est aujourd'hui impuissant contre ce qu'il appelle une usurpation, car son empire, jadis florissant, est bien déchu ; les limites de ses États sont fort mal définies ; sa capitale, dont la position est incertaine, n'est, dit-on, qu'un misérable village, et son fils est petit employé de la factorerie française Daumas et Béraud, à Banane.

On jugera d'ailleurs du peu d'autorité que les rois ont dans l'Afrique centrale par les avanies dont ils sont l'objet avant leur couronnement. Chez les Gabonais, quand un despote meurt, tout le peuple soumis à sa domination se lamente pendant six jours. Le septième, les anciens (*onéros*) lui choisissent un successeur. Aussitôt que le nom du nouvel élu est connu de la foule, elle se précipite chez lui ; les uns lui assènent de vigoureux coups de poing ; les autres lui crachent au visage ou lui lancent à la face toutes sortes d'immondices. Après qu'il a essuyé ainsi pendant près d'une heure, avec la sérénité d'un sage, les outrages d'une multitude en délire, on le revêt d'une robe rouge, et les vieillards lui apportent le chapeau de soie, emblème de la royauté.

La fête, ou plutôt le vacarme, continue pendant six jours. Le septième au matin, pendant que ses sujets cuvent leur rhum, le nouveau monarque se met en route pour ses États.

Quand un roi meurt, serait-il universellement méprisé et détesté, ses sujets lui font de magnifiques funérailles. Aussitôt après le décès de N'Combé, chef des Gallois, on le revêtit de ses plus beaux habits, entre autres d'un superbe gilet brodé d'argent dont MM. Marche et de Compiègne lui avaient fait cadeau ; on le coiffa d'un bonnet orné de grelots ; « on plaça entre ses jambes ses cannes, au-dessus de sa tête cet énorme parapluie dont il était autrefois si fier. Ses deux fils se tenaient auprès de lui et pleuraient à chaudes larmes, pendant qu'une de ses femmes, droite derrière le défunt, remuait la tête du cadavre qui répondait ainsi à ceux qui venaient lui faire à lui-même leurs compliments de condoléance (1). » On déposa, le lendemain, le défunt au fond d'un coffre donné par les factoreries ; on étendit sur son

(1) M. Marche.

corps des étoffes sur lesquelles on plaça des verres, des pots, des assiettes ; puis on répandit sur le tout plusieurs bouteilles de parfums et on cloua le cercueil.

Les préparatifs terminés, le cortège se mit en marche précédé d'un accordéon, de deux tambourins et d'une petite musique de marchand de robinets. Quand on fut arrivé sur la tombe du roi, on voulut battre ses femmes; la présence des Européens leur épargna les coups; on devait égorger des esclaves chargés de servir leur souverain dans l'autre monde ; mais ils avaient pris la clef des champs. La cérémonie terminée, on vida force flacons d'alougou. Le soir, tous les sujets du défunt, ivres comme des portefaix, se portèrent en masse sur ses factoreries pour les piller ; « elles étaient vides, car ce monarque généreux donnait tout ce qu'il avait (1). »

Les habitants de Sangatanga sont moins pillards mais plus cruels. Quand leur roi meurt, on enterre avec lui une partie de ses richesses et de ses esclaves. Du Chaillu rapporte avoir vu près de cette bourgade la tombe du roi Passol entourée, comme celle de N'Combé, de vaisselle, de cruches, de pots de fer, de miroirs, de sonnettes de cuivre et d'airain et d'autres objets précieux que le vieux roi avait voulu emporter avec lui. On voyait couchés et rangés en ordre les squelettes d'une centaine d'esclaves immolés à la mort du monarque, afin que sa majesté noire ne se présentât pas dans l'autre monde sans une suite digne d'elle.

Les populations de l'Afrique occidentale, igno-

(1) M. de Compiègne, *L'Afrique équatoriale*.

rantes, superstitieuses, sans lien et sans communications entre elles, fort mal gouvernées, ne paraissent pas, il faut l'avouer, appelées à entrer de sitôt dans les voies de la civilisation. Les efforts faits jusqu'aujourd'hui pour les tirer de la barbarie ont été infructueux. « L'Afrique occidentale, dit M. Bliden (1), est en contact avec le christianisme depuis plus de trois cents ans, et pas une seule tribu, en tant que tribu, n'est devenue chrétienne. Aucun chef influent n'a encore adopté la religion apportée par les missionnaires européens. De la Gambie au Gabon, les chefs indigènes, en constants rapports avec les chrétiens et vivant dans le voisinage des établissements chrétiens, continuent à gouverner leurs peuplades d'après les coutumes de leurs ancêtres, là où ces coutumes n'ont pas été changées ou modifiées par l'influence musulmane. » Bien que les Portugais occupent depuis plus de trois cents ans l'Angola et le Benguela, les nègres n'ont pu être amenés par eux à se vêtir avec un semblant de décence. Ils chassent, pêchent, font quelque peu le commerce des produits du pays, mais ne songent nullement à se procurer des habits et des ustensiles de ménage. Il en est de même au Gabon que nous possédons depuis quarante ans et chez toutes les tribus de la côte occidentale qui, bien qu'en relations avec les blancs, n'ont pas fait un pas vers la civilisation.

Le nègre veut vivre comme il a toujours vécu. Il n'a cure de ces objets de luxe, de ce confortable, de

(1) *Revue d'Edimbourg.*

ces plaisirs délicats que le blanc recherche et se procure par un dur travail. Ses instincts batailleurs, maraudeurs, son penchant pour la chicane, son indolence, pour ne pas dire sa paresse native, le rendront longtemps, peut-être toujours, rebelle à l'influence des blancs et incapable de tout progrès. Il n'a point d'aspirations élevées; son suprême bonheur « consiste à passer paresseusement sa vie en caquetages, en flâneries, en marchandages. Le travail lui fait perdre plus de ce qu'il apprécie réellement qu'il ne lui procure de satisfaction d'aucune sorte (1) ». Il a d'ailleurs peu de besoins et l'exubérante fécondité d'un sol vierge suffit à les satisfaire. Le nègre, c'est l'homme de J.-J. Rousseau. Heureux de vivre au sein de l'admirable et prévoyante nature, il se contente de ce qu'elle lui donne et ne songe point à la contraindre d'accroître ses largesses. Un peu de manioc, des bananes, un morceau de cabri, une poule, les ressources que lui procurent la pêche et la chasse, du vin de palme, voilà de quoi composer un menu excellent pour le noir le plus difficile. Son vêtement, s'il en porte, est fait d'herbes tressées; ses seuls ornements sont des plumes, des dents de panthère et de léopard. Son mobilier est tout à fait rudimentaire: des nattes, des peaux, des tabourets, des plats de bois, des calebasses, décorent sa pauvre demeure faite de bambou et couverte de feuilles (2). On le voit, la paresse du

(1) M. Octave Sachot, *Nègres et Papous.*

(2) De la hutte ronde de Dakkar aux cases du Gabon, il y a toutefois un grand progrès architectural, dit M. Jouan.

nègre s'explique par l'exiguïté de ses besoins autant que par ses instincts naturels.

Mais comme, à l'exception de l'ivoire et du caoutchouc, l'Afrique occidentale n'offre au point de vue commercial que de très faibles ressources à qui ne travaille point, le noir, qui n'a sous la main que peu d'objets d'échange et qui veut à tout prix vendre et acheter, a imaginé de se procurer une marchandise d'un écoulement facile et toujours à sa portée : son semblable, le captif pris à la guerre, le malheureux que la loi lui donne à la suite d'un meurtre, d'un vol, d'un enlèvement de femme.

Depuis que Charles-Quint a permis, en 1517, à un de ses favoris de prendre chaque année quatre mille nègres sur la côte de l'Afrique, pour les transporter dans les colonies d'Amérique, la traite a été la plaie du noir continent qu'elle a déshonoré et dépeuplé. Si elle ne se fait plus ouvertement, elle se pratique encore en secret et à la dérobée, et, sur bien des points de la côte, les négriers se cachent dans les criques des fleuves, en particulier dans celles du Livingstone où n'osent s'aventurer les navires de guerre. Non seulement cet odieux trafic est une honte pour l'humanité, mais, si l'on ne réussit pas à le supprimer, il faut renoncer à l'espoir d'ouvrir l'Afrique intérieure au commerce régulier. Tant que le nègre pourra se procurer la marchandise humaine en faisant parler la poudre, il ne travaillera pas et restera rebelle à tout progrès. Au contraire, en arrêtant l'exportation des esclaves, on mettra fin du même coup aux ravages et aux horribles cruautés pratiqués dans l'intérieur, aussi bien sur les rives de l'Ogowé et du Congo que sur celles du Zambèze et du Niger. Au nord comme au sud, à l'est comme à l'ouest de cet immense continent qui a trois fois la superficie de l'Europe, un roi, grand ou petit, faible ou puissant, veut-il renouveler ses provisions de poudre, de fusils, d'alougou, acheter de beaux ornements, il vend ses sujets; a-t-il besoin d'étoffes, de piastres, il part en guerre et va chez ses voisins chercher à gagner un peu de bien, c'est-à-dire faire main basse sur les hommes les plus vigoureux, sur les jeunes gens les mieux faits, sur les filles les plus jeunes et les plus belles. Le meurtre, le pillage et l'incendie jettent la terreur parmi des populations paisibles, et comme les nègres ont grand'peur de la voix de la poudre, le plus souvent ils se jettent à terre et tendent le col au carcan. Des peuplades entières sont réduites en esclavage, les villages sont brûlés, les champs sont dévastés. « Tout ce qui est trop vieux ou trop faible pour payer au centuple la peine des ravisseurs est massacré, à moins qu'on ne garde ces victimes pour les sacrifier en cérémonie, comme au Dahomey, dans les fêtes que donnent à leurs peuples les tyrans qui les régissent (1). »

Mais ce ne sont pas seulement les grands et les petits despotes de l'Afrique intérieure qui font le commerce de bois d'ébène ; les traitants arabes, les déclassés, la lie des aventuriers européens, exploitent aussi la chair humaine. Les musulmans sont, sous ce rapport, exempts de tout préjugé. Ce commerce, disent-ils, que vous qualifiez de barbare, le

(1) M. Jouan, *Journal de bord*, inédit.

Coran le permet. Lorsqu'on égorge ou qu'on réduit en servitude un nègre aux joues tailladées, on supprime un idolâtre et l'on fait par conséquent un acte agréable à Dieu. Ce commerce que vous appelez honteux, la tradition l'autorise. Les patriarches n'avaient-ils pas des esclaves tirés de l'Afrique orientale? La reine de Saba ne vendait-elle pas au roi Salomon des travailleurs pour ses chantiers (1)? Les traitants européens sont moins cyniques, mais peut-être oseraient-ils alléguer pour leur défense qu'il y a quelque courage à faire ce trafic réputé déshonorant, puisqu'ils risquent, s'ils sont surpris avec un chargement de bois d'ébène, d'être pendus aux vergues des croiseurs. Ils ajoutent hypocritement qu'en *faisant cet article* ils arrachent au joug odieux d'un despote, à l'abjection, à la misère, des milliers d'individus qu'ils appellent à la civilisation et à l'aisance; ils osent même prétendre qu'ils rendent service à l'humanité en fournissant des bras aux mines du Brésil, aux cultures industrielles des colonies espagnoles et portugaises.

Ces sophismes ont été cent fois réfutés. Ce qui est certain, c'est que ces odieux traitants parcourent l'Afrique intérieure poussant devant eux des troupeaux à face humaine qu'ils dirigent vers la côte en longues files, deux à deux ou par filière de dix attachés les uns aux autres, carcan au cou et fourche au pied. Depuis que la traite est abolie et que les croiseurs font la chasse aux négriers, ceux-ci sont souvent obligés de faire parcourir à leurs esclaves d'é-

(1) *Revue Britannique.*

normes distances pour les emmener dans des lieux d'embarquement lointains. Les malheureux, que l'on pousse à coups de fouet, restent exposés sans aucun abri aux rayons d'un soleil torride ou aux pluies tropicales, rongés par le chagrin de la famille et de la patrie perdues, songeant à la dure servitude qui les attend après un pénible voyage vers un but inconnu. Beaucoup de ces infortunés meurent en route, de fatigues, de maladies ou de privations. Livingstone porte à quatre cent mille par an le nombre des victimes de la traite; sir Bartle Frère l'élève à un million. C'est à peine si un sur cinq atteint la côte, écrit Livingstone. Si quelqu'un d'entre eux succombe pendant le voyage aux tortures de la faim ou de la soif, il devient la proie des animaux de la forêt; si les forces manquent à un autre, si les coups de bâton et de fouet à lanières en peau d'hippopotame sont impuissants à le faire avancer et s'il se laisse choir d'un air résigné, ne pensez pas qu'il lui reste quelque chance d'en revenir ou de s'échapper; son maître tire son couteau le plus tranquillement du monde, coupe la gorge au traînard et lui ouvre les artères pour l'avertissement de ses camarades. « Si, pendant le voyage, ces malheureux dépérissent ou coûtent trop cher à nourrir, on s'en débarrasse par le meurtre (1). » Aussitôt arrivés à destination, les négriers les palpent, les examinent, et le prix une fois arrêté et réglé (vingt pièces de tissus ou quarante francs pour un beau nègre), on empile tout ce monde dans des baracons. Du Chaillu a visité en

(1) M. Jouan, *Journal de bord*, inédit.

1858 au cap Lopez, un des foyers de la traite, plusieurs de ces baracons ou parcs à esclaves dont l'un, tenu par un Portugais, était un enclos défendu par des palissades de douze pieds de haut affilées à leur extrémité. Les esclaves mâles, assez nombreux pour peupler un grand village, étaient attachés six par six au moyen d'une chaîne très solide passée dans les colliers de chacun d'eux. Les femmes et enfants pouvaient rôder à leur fantaisie dans un second enclos fermé aussi par des palissades. On nourrissait tout ce monde de fèves et de riz pendant que les négriers, menant la vie la plus luxueuse, chargeaient leurs tables des conserves les plus délicates et jouaient un jeu d'enfer. La mortalité est parfois effrayante dans les baracons. Du Chaillu a vu à Sangatanga le cimetière, ou plutôt le charnier, où l'on déposait le corps des esclaves morts. Il y a constaté la présence d'un millier de squelettes ou plutôt de débris de squelettes que les animaux avaient rongés. M. Jouan, capitaine de vaisseau en retraite, qui a visité le Gabon en 1843 et qui a écrit un intéressant *Journal de bord* resté inédit, rapporte qu'à cette époque le commerce de bois d'ébène se faisait encore dans ces parages. « Peu de jours avant notre arrivée, dit-il, un négrier était parti avec un plein chargement d'esclaves, et nous trouvâmes chez le roi Denis un Havanais qui en préparait sans doute un pour un navire attendu. » Si cet état de choses s'est modifié dans notre colonie depuis la fondation du poste militaire de Libreville et l'établissement des missionnaires wesleyens et catholiques, il est resté à peu près le même sur la côte qui s'étend de Libéria au Gabon, et aujourd'hui on peut encore dire, avec M. Jouan : « Ce ne sont pas des peuples qui habitent ces pays, mais des armées; les revenus des chefs ne sont basés ni sur l'industrie ni sur l'agriculture, mais sur la traite; la guerre est, par suite, l'état permanent, guerre de razzias pour se procurer des esclaves à vendre. »

Dans l'intérieur, sur les rives de l'Ogowé et du Livingstone, les couleurs du tableau ne sont pas moins sombres. Sur le Loualaba, qui n'est autre que le Congo supérieur, le lieutenant Cameron a été témoin impuissant des barbaries de la traite. En entrant dans le village de Lounga-Mandi, il aperçut « un noir revenant avec une file de cinquante à soixante pauvres femmes chargées de gros ballots de butin et dont quelques-unes avaient en outre leurs petits enfants dans les bras. Elles avaient été capturées dans quarante ou cinquante villages qu'on avait détruits et ruinés; le plus grand nombre des hommes avaient été tués, les autres chassés dans la jungle ». Le voyageur est persuadé que ces quarante ou cinquante esclaves représentaient plus de cinq cents êtres humains tués en défendant leurs foyers ou morts de faim.

De leur côté, MM. Marche et de Brazza ont pu constater que toutes les peuplades qu'ils ont visitées dans l'intérieur de l'Afrique se livrent encore aujourd'hui à l'odieux commerce de chair humaine. Chez les Okanda, un jeune noir se vend quatre livres de poudre, quatre brasses d'étoffe, un couteau, un sabre, une mesure de sel. Parmi les plus farouches fournisseurs de la traite on peut citer les Angkiès qui habitent près de la rivière Lebaï-Ngouco, au nord de l'Alima. Ils font de fréquentes razzias hors leurs frontières et en ramènent des esclaves qu'ils vendent contre de la poudre, des fusils, des pagnes à des marchands de chair humaine « qui les conduisent, dit M. de Brazza, dans des contrées si lointaines qu'on n'a pas souvenir d'en avoir jamais revu un seul ». Comme la traite se fait encore, secrètement il est vrai, dans toutes les contrées limitrophes de notre colonie du Gabon, les malheureux qui parviennent à s'échapper des mains de leurs cruels ravisseurs se réfugient autour de nos stations de l'Ogowé. Là, se groupe une population d'esclaves qui vient chercher la liberté sous notre pavillon, et la présence de la mission française semble devoir exercer une influence bienfaisante sur les destinées du centre africain.

D'autre part, les négriers, qui ont intérêt à ne pas laisser périr et à ne point déprécier leur marchandise, paraissent avoir apporté quelques adoucissements à la sauvagerie de leurs procédés ; ils traitent en général assez bien les esclaves qui ont pu arriver jusque sur les marchés de la côte. Au Congo, l'un des foyers de la traite, il n'est pas rare que les maîtres soient doux et permettent à leurs muleks de faire le commerce pour leur compte, ou de travailler pour eux-mêmes pendant un certain temps, et qu'ils les considèrent comme le patron à Rome considérait ses clients. La coutume autorise par exemple l'esclave qui a des motifs plausibles à quitter son maître et à se réfugier chez un chef quelconque pour implorer sa protection qui est toujours accordée. Sur plusieurs points de la côte, d'anciens négriers vivent aujourd'hui dans les meilleurs termes avec de vieux esclaves achetés aux temps de la traite, et auxquels ils ont donné des femmes. Même sur cette terre de servitude, bien que les maîtres aient le droit, si les esclaves commettent un délit grave, de les vendre ou de les tuer, beaucoup d'affranchis restent attachés à leurs anciens propriétaires et entretiennent avec eux les rapports les plus affectueux.

Quels sont les moyens de généraliser cet état de choses? L'un consite à explorer l'Afrique intérieure et à la pacifier en y fondant de nombreuses stations hospitalières, scientifiques et commerciales; l'autre, à attirer les nègres vers la côte pour les renvoyer ensuite plus civilisés vers les contrées barbares de l'intérieur.

Malheureusement l'islamisme, qui, il est vrai, ne compte point de sectateurs sur les rives du Congo et de l'Ogowé, autorise l'esclavage; la polygamie, si fort en honneur chez les noirs, en fait une nécessité et presque une loi. L'absence de routes et de tout moyen de communication, les difficultés de toute sorte que l'on rencontre pour transporter les marchandises de l'intérieur à la côte, font que les chefs ont grand intérêt à augmenter le nombre d'esclaves, et par conséquent de porteurs, qu'ils possèdent déjà, afin d'assurer l'écoulement des produits de la contrée soumise à leur domination. D'un autre côté, le commerce des Européens avec l'Afrique centrale est entravé par l'insalubrité du climat, par l'élévation relativement considérable de la zone montagneuse qui, presque de toutes parts, borde la côte et nourrit des carnassiers aussi nombreux que redoutables, par l'impossibilité de remonter les fleuves, par les préjugés des noirs et le mauvais vouloir des chefs, par l'enchevêtrement, le morcellement, l'émiettement de peuplades qui ne dominent que sur une très faible étendue de territoire et sont en guerre continuelle. Comme chacune des tribus établies sur ce sol, déchiqueté en forme de damier, entend rançonner le blanc que la Providence lui envoie et qu'il faut offrir des cadeaux à chaque chef, à chaque devin et presque à chaque porteur ou pagayeur, les bénéfices à recueillir ne compensent pas les dépenses, les fatigues et les dangers de voyages aussi périlleux.

Si les missionnaires sont impuissants, si les courageux pionniers qui entreprennent d'ouvrir le noir continent au commerce et à la cilivisation risquent leur vie en essayant de pénétrer au milieu de populations défiantes ou hostiles, que reste-t-il à faire? S'avancer en nombre (comme on le fait d'ailleurs depuis vingt ans) et suivi d'une escorte qui impose le respect. Les armes mises aux mains des soldats de la mission ne jetteront pas l'effroi, n'exciteront pas la défiance parmi les indigènes dès qu'il sera démontré qu'on ne s'en sert qu'en cas de légitime défense et pour prouver, si les circonstances l'exigent, la supériorité des blancs sur les noirs.

Les obstacles s'aplaniront, les résistances tomberont quand on aura montré en toute occasion que les plus forts sont aussi les plus généreux, qu'ils ne viennent point conquérir la contrée ou faire des razzias d'esclaves, mais vendre et acheter, éclairer, civiliser, enrichir ceux qu'ils auront traités comme des frères. D'autres blancs revenant dans le pays avec des marchandises seront accueillis avec joie; les relations deviendront plus fréquentes à mesure qu'elles seront plus profitables aux deux parties; de la bienveillance et de la bonne foi naîtra la confiance; les services rendus par le puissant au faible, par le riche au pauvre, éveilleront les sentiments de reconnaissance et de dévoûment qui sont au fond du cœur de tous les noirs (1); les échanges cimenteront l'amitié et peut-être auront-ils pour résultat de prouver aux nègres que les avantages que procure le commerce régulier sont plus sûrs que ceux de la traite. Car si, à l'exemple des Européens et sous leur direction, les nègres prenaient goût à l'agriculture; si une industrie, même sans élégance, leur fournissait quelques produits qu'ils ne sont pas incapables de fabriquer comme du fer, des nattes, des objets en bois, en corne, en ivoire; s'ils parvenaient à tirer un parti, même médiocre, des essences qui remplissent leurs forêts, c'en serait fait de la traite. En effet, cet odieux commerce n'a pour le nègre un attrait si puissant que parce qu'il est aujourd'hui à peu près l'unique moyen de se procurer des marchandises d'échange. Afin de faciliter les transactions aussitôt que l'influence européenne aura pénétré dans une région, il faudra y créer des routes, des

(1) Déjà, les Batékés et les Apfourou (qui ont repoussé à coups de fusil MM. Marche et de Compiègne) appellent les blancs *taras* ou *pères* et entretiennent avec eux les relations les plus cordiales.

stations hospitalières où seront reçus indistinctement les voyageurs et les négociants blancs ou noirs, et mettre obstacle au libre commerce du rhum et des fusils qui démoralise les populations. M. Jouan, moins pessimiste sur ce point que beaucoup d'auteurs qui ont écrit sur l'avenir de la race nègre, attend également de bons effets du rapatriement au milieu de peuplades restées barbares d'un certain nombre de noirs élevés à la côte. « On n'obtiendra, dit-il, le résultat souhaité que si des changements capitaux s'opèrent dans les idées et dans les mœurs des populations, et le temps seul peut les amener. Mais je crois qu'on peut avoir espoir dans le renvoi de noirs à la côte occidentale, par suite d'engagements volontaires ou de rachats préalables. Ces hommes, rendus à leur pays natal après un temps assez long passé parmi nous, seraient peut-être les missionnaires de la civilisation en Afrique. Peut-être vois-je les choses avec trop d'optimisme ? A cette objection, je me contenterai de répondre que j'ai rencontré dans des centres de populations barbares des individus qui avaient été esclaves chez les blancs, dans des colonies d'outre-mer, et qui, non seulement, n'avaient gardé aucune haine pour ces derniers, mais qui enviaient pour leur terre natale les avantages dont ils avaient été les témoins. Je ne m'arrêterai pas à discuter les qualités et les défauts de la race noire et le plus ou moins grand degré de perfectibilité dont elle est susceptible. Saint Domingue est un terrible argument contre elle quand elle est abandonnée à elle-même (1).

(1) Jugera-t-on la nation française sur les excès de 1793?

Ceux qui ne l'ont observée que dans l'esclavage des colonies ont assez déclamé contre sa fainéantise ; mais, en conscience, appliquera-t-on l'épithète de paresseux aux kroumens, ces noirs qui s'engagent sur les navires européens dont les capitaines conviennent qu'il n'y a pas de travailleurs aussi dociles, supportant les plus grandes fatigues avec une infatigable gaîté ? Même dans les contrées où le sort des habitants est très malheureux, là ou quelques cultures s'offrent aux yeux du voyageur, il est frappé de leur bonne apparence. Tous les Européens qui ont visité le Dahomey sont d'accord pour affirmer que les cultivateurs de ce pays rivalisent de talent avec ceux de la Chine. Ce serait là une preuve que ces populations, perverties par des superstitions barbares et des institutions abominables, naissent avec des instincts prononcés de sociabilité. »

Nos pères pensaient comme M. Jouan sur ce point. Dès la fin du XVIIIe siècle, les actes de barbarie commis en Afrique par les traitants avaient indigné les philanthropes. En 1788, des savants, des philosophes, des négociants, avaient fondé à Londres l'*African Association*, dans le but d'activer les découvertes dans le noir continent et d'y propager la civilisation. Les plénipotentiaires des grandes puissances européennes, réunis à Vienne en 1815 et à Vérone en 1822, se prononcèrent pour l'abolition de la traite des nègres et proclamèrent, au nom de leurs souverains, le vœu de mettre un terme « à un fléau qui a si longtemps désolé l'Afrique, dégradé l'Europe et affligé l'humanité ». On organisa sur les côtes des croisières qui donnèrent la chasse aux négriers. De 1848 à

1855, de nombreuses missions catholiques et protestantes se fondèrent, et Livingstone commença son sublime apostolat. Mais les marchands de bois d'ébène échappaient, malgré les millions dépensés par les sociétés anti-esclavagistes, à une surveillance intermittente et, malgré le zèle des missionnaires, les conversions étaient rares et isolées. Il sembla utile, indispensable même, au succès de l'œuvre de réunir toutes ces bonnes volontés, tous ces efforts en un faisceau. En 1877, une conférence, où sept nations européennes et presque toutes les sociétés de géographie étaient représentées, se réunit à Bruxelles sous les auspices et sur l'invitation du roi des Belges. Ce prince, aussi entreprenant que généreux, indiqua dans son discours d'ouverture le but à atteindre : arracher l'Afrique à la barbarie, en plantant le drapeau de l'humanité au cœur de ce continent désolé par les raids des chasseurs d'esclaves. Il exposa ensuite les moyens à employer, entre autres : *désignation précise des bases d'opération à acquérir et des routes à ouvrir successivement vers l'intérieur, création d'un comité international et de comités nationaux* pour poursuivre l'exécution de cette œuvre vraiment digne de la sympathie universelle. L'Europe entière répondit à ce chaleureux appel; les particuliers et les princes, les Anglais et les Irlandais, les Allemands et les Français, apportèrent à l'envi leur obole, et en moins de deux ans les souscriptions annuelles assurèrent à la société un revenu de plus de 100,000 fr. Des comités nationaux furent créés : italien, portugais, suisse, allemand, autrichien, américain, français sous la direction de M. de Lesseps.

Dès lors, l'Europe sembla prise de la fièvre des découvertes. En effet, à aucune époque on n'a vu une pareille légion d'explorateurs s'élancer, malgré les fatigues et les dangers sans cesse renaissants, à la recherche de terres inexplorées, et — fait digne d'attention — les plus nombreux et les plus vaillants de ces découvreurs choisirent précisément le mystérieux continent, la terre de servitude pour théâtre de leurs conquêtes sur l'inconnu. Sans parler de Cameron et de Serpa Pinto, qui ajoutèrent de si belles pages aux fastes géographiques, on vit s'avancer dans l'Ousagara MM. Cambier et Maes qui moururent à la peine, mais furent aussitôt remplacés par MM. Vautier et Dutrieux. Ce dernier réussit à pénétrer dans l'Ounyanyembé. M. Carter atteignit le lac Tanganyka où fut fondée la station hospitalière de Karéma, pendant que Stanley et le major Goldschmitt créaient le poste d'Equateur-Station et plus tard celui de Stanley-Falls. De son côté, le comité français établissait une station à Condoa, dans l'Ousagara, par les soins de l'enseigne de vaisseau Bloyet, et secondait de son influence et de ses subsides la noble entreprise de M. de Brazza. Pendant que des missionnaires anglais et américains évangélisaient et exploraient la région des lacs de la côte orientale et celle du bas Congo, le lieutenant Wismann, au service du comité allemand, traversait l'Afrique de part en part en passant par Nyangougé, le Tanganyka et Tabora. Diverses stations furent fondées pour relier les lacs de l'intérieur à la côte.

L'élan ne s'est point ralenti. Des échecs partiels n'ont fait que stimuler l'ardeur de nombreux pionniers que rien n'effraie. Parti depuis plus de deux ans de la côte orientale, l'enseigne de vaisseau Guiraud, de la marine française, a traversé l'Ousagara. Retenu un mois au pays de Meuanika, il a pu, grâce à l'appui d'un chef indigène, gagner la pointe nord-est du Niassa et se diriger par les plaines du Zambèze vers les rives septentrionales du Benguélo qu'aucun Européen n'avait visitées. De là, remontant par le Tanganyka vers le lac Kamorondo dans le haut Congo, il espère atteindre le cours du grand fleuve qu'il redescendra pour venir saluer de Brazza dans le royaume du Makoko.

Ce ne sont pas seulement les comités belge et français de l'Association qui font preuve d'un zèle louable; toutes les nations luttent à l'envi pour s'ouvrir la route de l'Afrique intérieure. Les Portugais, désireux de se renseigner exactement sur le commerce de ces contrées dont ils revendiquent la possession, ont envoyé trois officiers et deux cents indigènes qui, partant de Saint-Paul de Loanda, se dirigeront sur Mozambique par Muata et Jamba. Les Allemands, que le désir d'expansion coloniale gagne, envoient dans la même région, sous la conduite du lieutenant Schulze, une mission chargée d'explorer à fond le bassin méridional du Congo. Une autre mission allemande, placée sous les auspices des Sociétés de géographie de Berlin, de Hambourg et de Gotha, va traverser l'Afrique de Loango à Zanzibar, en recueillant des collections zoologiques et minéralogiques. M. Becker, lieutenant du génie belge au service de l'Association internationale, MM. Dubois et Danis, auxquels s'est adjoint un de nos compatriotes, M. Molleur, se proposent de gagner Karéma sur le Tanganyka pour se diriger de là vers les sources du Congo. M. Becker doit fonder sur son passage plusieurs stations pour relier la région des lacs au grand fleuve africain. Il tentera, de Zanzibar aux lacs, l'essai de petites voitures qui remplaceraient avantageusement les porteurs noirs très exigeants et par trop enclins à la désertion.

De son côté, la mission Stanley redouble d'activité. Sir Francis de Vinton, qui vient de prendre la direction de l'œuvre, a exploré le Kuango, l'un des principaux affluents du Livingstone, pendant que le capitaine Hanssens reconnaissait le cours inférieur du Mboundgou appelé aussi rivière des Bangalas et autre tributaire du même fleuve. Il aurait, paraît-il, constaté que dans cette région se tient l'un des marchés les plus importants de l'Afrique intérieure. Chaque courrier du Gabon nous apporte la nouvelle de la création de quelques stations. Les deux dernières ont été fondées dans la province du Quillou-Niari, l'une a pris le nom d'Arthurville, en l'honneur du président des Etats-Unis; l'autre a été appelée Strauchville, en l'honneur du président de l'Association. On affirme d'autre part que le Comité d'études belge-africain, reprenant un projet déjà ancien, songe à établir le long de la partie non navigable du Congo inférieur un chemin de fer qui mettrait en communication avec la mer les cinquante millions d'indigènes qui habitent le bassin du grand fleuve et de ses affluents. La dépense ne s'élèverait, dit-on, qu'à quinze ou vingt millions, et le commerce de la région du Congo, qui est déjà d'environ cent millions, prendrait une extension considérable. Mais dès aujourd'hui il existe une grande voie de communication et de pénétration à travers l'Afrique centrale. Le port de Banane, situé à l'embouchure du Congo, est relié à Zanzibar par une suite non interrompue de stations hospitalières dont les principales sont : Vivi, Stanley-Pool, Stanley-Falls et Karéma. Des lettres de Stanley ont été transmises à ce dernier poste et des marchands arabes sont parvenus sans difficulté de Zanzibar à Léopoldville. La parfaite communication, dit l'*Américan Register*, entre les côtes orientale et occidentale du continent africain est donc bien démontrée. Environ 2,600 milles de voie fluviale sont ouverts au commerce par la chaîne de stations situées sur le Congo ou ses affluents. Tels sont les principaux résultats acquis.

Mais ce n'est point seulement grâce aux voyageurs et aux missionnaires que l'influence européenne s'étend de proche en proche. Diverses nations, la France, l'Angleterre, l'Espagne et le Portugal, possèdent en Afrique de nombreuses colonies d'où elles font pénétrer nos marchandises et nos idées chez des peuplades jusqu'alors rebelles à toute civilisation. L'Angleterre domine sur tout le sud de l'Afrique, sur une partie de la côte occidentale où elle vient d'établir son protectorat sur les bouches du Niger ; au nord, elle occupe l'Egypte et dispute à l'influence musulmane la région du haut Nil. Les Portugais possèdent l'Angola, le Benguela, les embouchures du Zambèze et l'État de Mozambique. Les Espagnols ont Ceuta, les Canaries et les îles du golfe de Guinée qu'ils partagent avec les Portugais, établis aux Açores, à Madère, aux îles du cap Vert. Les Allemands viennent d'occuper Angra-Pequenna et toute la côte s'étendant de la baie de Walfisch au cap Frio ; ils ont également arboré leur pavillon sur les territoires de Cameroun, de Malimba, du grand et du petit Batanga. La France est en Algérie, en Tunisie, au Sénégal ; notre drapeau flotte sur les rives du Niger à Bamakou, à Porto-Novo, à Obock, à la Réunion, à Madagascar. Enfin, Stanley projette la création sur les rives du Congo d'un État libre qui aura pour parrains l'Allemagne, les Etats-Unis et la France. Aussi, quand on considère que non seulement l'Afrique est de toutes parts entamée, visitée, reconnue, mais qu'elle est pour ainsi dire enserrée au nord comme au sud, à l'est comme à l'ouest, par des établissements européens, on se prend à concevoir les meilleures espérances pour la conquête pacifique du sombre continent et pour le triomphe de la civilisation sur la barbarie.

FIN.

TABLE DES MATIÈRES

Paris. — Imprimerie Georges Gullois, 3, rue Mazarine. — Succursale à Poitiers.

www.ingramcontent.com/pod-product-compliance
Ingram Content Group UK Ltd.
Pitfield, Milton Keynes, MK11 3LW, UK
UKHW020116200726
13856UKWH00002B/582